了不起的中國人

給孩子的中華文明百科

—— 從依水而居到水利工程 ——

狐狸家 著

新雅文化事業有限公司
www.sunya.com.hk

目錄

母親河的哺育：黃河與長江

水是生命之始、文明之源。世界上很多古老的文明，都在水邊孕育成形。每一條奔流的大河，都是了不起的文明之母。我們中華民族的母親河，就是大家都熟悉的黃河與長江。幾千年來，它們奔騰在華夏大地上，孕育、滋養着了不起的中華文明。

沒有水，個人無法生存，部落也無法繁衍。水是祖先們生存的希望，所以他們總會把家安在近水的地方。江河就像哺育孩子的母親一樣，無私地為人類提供水源和豐富的食物。在中華大地上，除了黃河與長江，還有珠江、淮河、遼河等眾多水系，文明的種子在多個流域萌芽生長、交流融合，漸漸匯聚成燦爛的中華文明。

鸕鷀（粵音牢詞）

又叫魚鷹。到了秦漢時期，鸕鷀已經成為人們捕魚的好幫手。

蓮藕

祖先們從河裏找到很多食物，除了鮮美的魚蝦，他們還挖出了甜嫩的蓮藕。

螺螄（粵音羅師）

我們的祖先除了在河裏捕魚，還在岸邊採集螺螄食用。為了方便吃螺螄肉，他們會在螺螄尾端敲出小孔。

漁網

用麻和葛做成的原始漁網。邊緣繫着的沉甸甸的石頭網墜幫助漁網下沉。

骨魚鏢

叉魚工具。把骨頭磨成帶倒鈎的鏢形，安裝在木柄前端。

了不起的原始飲水：容器和井

很久很久以前，我們的祖先住在水邊，渴了就直接伏在岸邊捧水喝。無論是江水、河水、泉水還是天降的雨水，他們都直接取來飲用。後來，他們開始使用葫蘆等天然容器取水，葫蘆劈成兩半，做成的葫蘆瓢舀水很方便。再後來，他們學會了用黏土燒製各種陶器，用陶器取水、儲水，比用天然容器更方便。

如果遇上乾旱，江河乾涸，該怎麼辦呢？祖先們無意間發現：大地的深處有水！於是他們在地面用力掘洞，洞越挖越深，水漸漸滲出，最原始的水井就這樣誕生了！可井挖深了，洞口的泥壁經常會垮塌。於是他們又找來樹木，削去枝杈，支撐在洞口，這樣洞口就不容易垮塌了，井口的水也能保持清澈。

河姆渡水井

在浙江河姆渡遺址發現的水井是一口方形井，內壁用木樁加固，上方建有草頂井架，可以防上風沙和雨水污染井水。

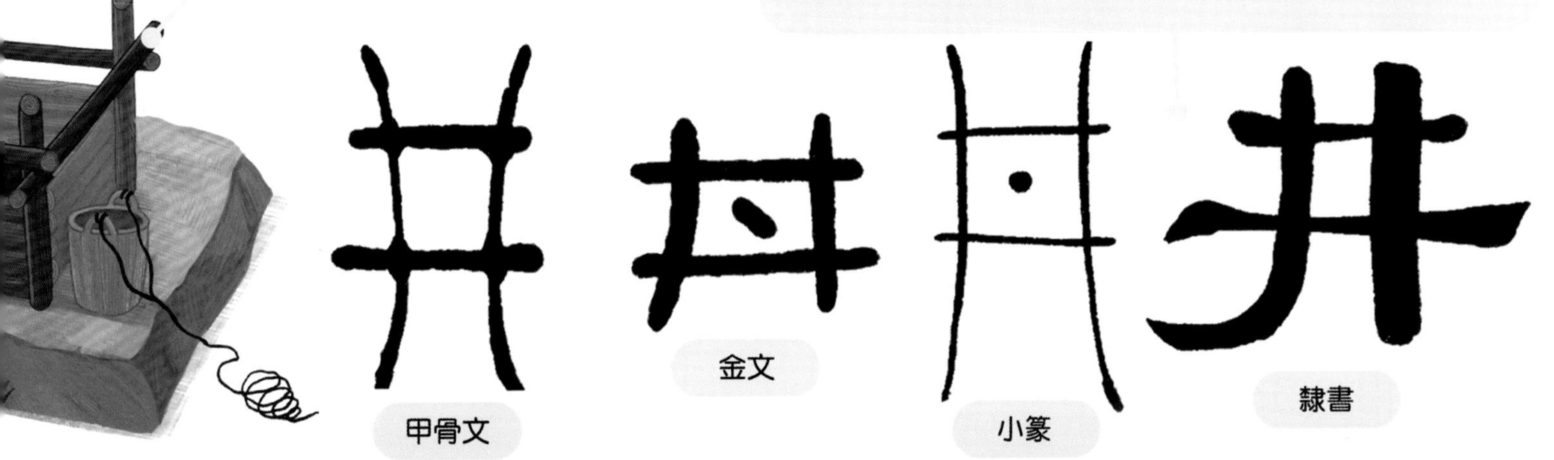

有井欄的水井

「井」字的演變

看完水井的模樣，你是不是明白「井」這個字為什麼這麼寫了？拿起筆，想像井的模樣，來寫一個「井」字吧。

了不起的渡河工具：腰舟與皮浮囊

江河驅走乾渴和飢餓，但也成為人們抵達遠方的障礙。我們的祖先或許曾常坐水邊，呆呆地望着對岸，他們多想順利渡過江河，踏上另一片土地啊。又或許，就在他們發呆的時候，水面上漂過的落葉和枯木引起了他們的注意。受此啟發，祖先們開始嘗試製作腰舟、皮浮囊、筏子等各種幫助自己渡河的工具。

在掌握了大量經驗之後，祖先們發明出更加堅固耐用、操作也更為靈便的航行工具——獨木舟。把大樹幹鑿空，坐在樹幹裏，就可以浮在水面上安全渡河了。獨木舟是最早的船，它的問世是人類歷史上的一件大事。從此，大江大河再也限制不了祖先們探索的腳步了。借助船的力量，人們抵達從未踏足過的地方。

了不起的原始水利：良渚古城

流水與雨露滋養萬物生長，繁衍的人口越來越多。岸邊的原始部落慢慢壯大，形成早期的城市。大約五千年前，在長江下游地區，一座城市出現了。它有用石頭和黃土堆砌成的外圍城牆，擁有中國最早的大型水利系統。用「草裹泥」和黃土修成的堤壩，可用於防洪和蓄水，組成了迄今所知世界上最早的攔洪大壩系統。它就是良渚（粵音主）古城。它出現的時間，比傳說中大禹治水的時間還要早上一千年左右。

良渚古城的水利系統，其規模和技術水平在同期世界其他地區罕見。良渚人為什麼要花這麼大力氣修建水利呢？這是因為他們居住的地方地勢很低。雨季來臨時，洪水隨時有可能摧毀他們的良田和房子。所以，良渚人必須修建水利保衞家園。水庫和堤壩組成的大型水利工程，牢牢守護着城內外廣袤的土地和土地上生活的人們。

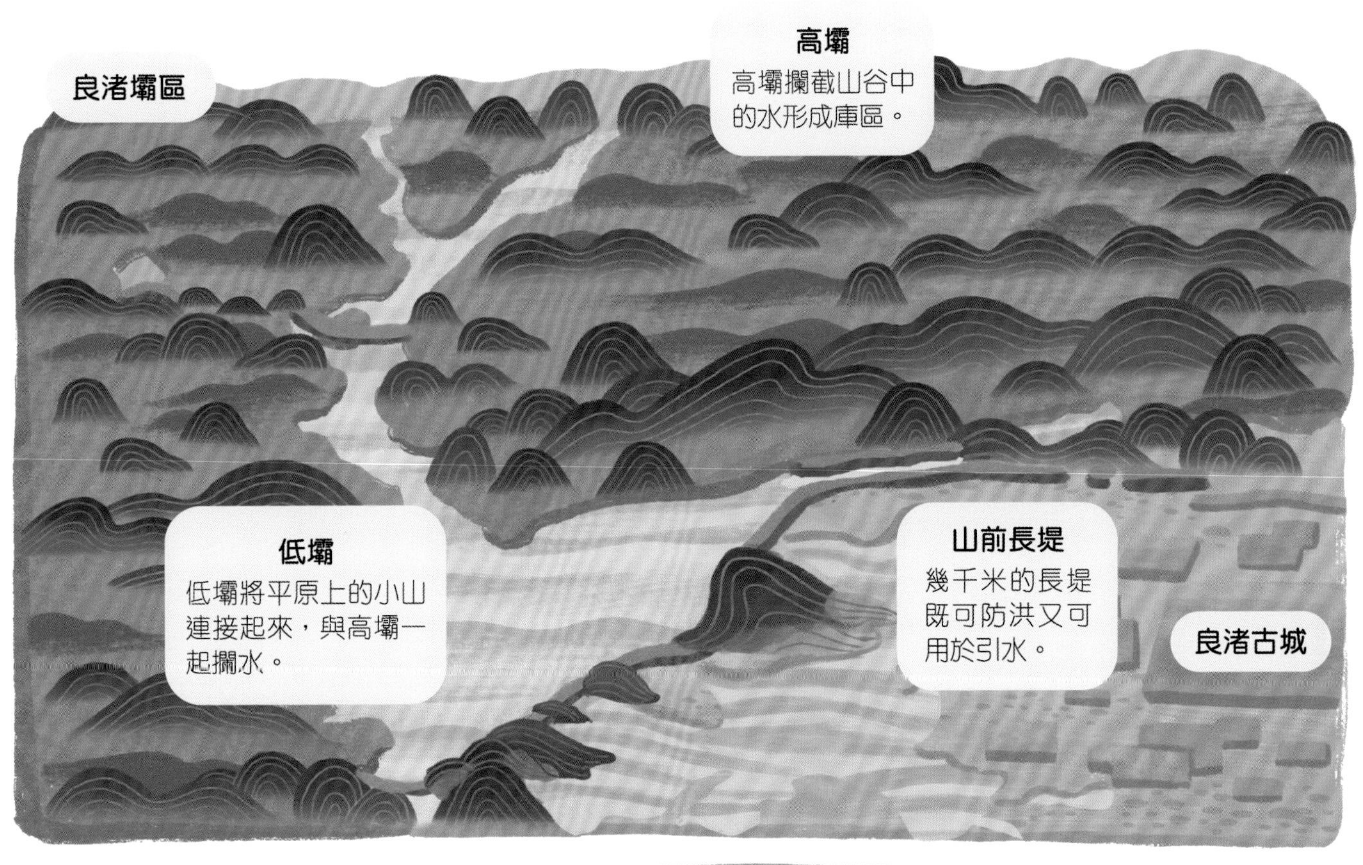

與水有關的中國智慧

水火不容

水和火是性質相反的東西，正常狀態下無法相容。水被火加熱會蒸發，火遇上水會被澆滅，它們就像一對冤家，難以共處。中國人常用「水火不容」比喻對立的人或事物彼此不能相容。

水滴石穿

做事有恒心的人，不會輕言放棄。就像水滴，雖然渺小，但只要不斷滴落，日積月累，也能擊穿堅硬的石頭。水滴石穿，簡單的四個字，卻代表着驚人的耐力和恒心。中國人喜歡用「水滴石穿」來形容即使力量微小，但只要堅持不懈，終能取得成功。

飲水思源

水是大自然對人類慷慨的饋贈，中國人對大自然充滿了感恩之情。平常端起杯子喝水的時候，你有沒有想過自己喝的水從哪裏來，它的源頭又在哪裏？中國人常用「飲水思源」來比喻做人不能忘本。

水到渠成

水具有流動性，它流經的地方會自然形成水道，就像天然的水渠。中國人喜歡用「水到渠成」來比喻只要條件成熟，事情自然就會成功。

竹籃打水一場空

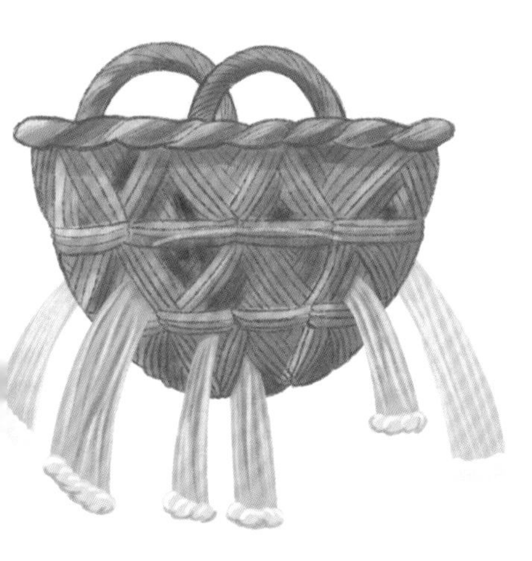

自古以來，人們用過很多器具來盛水，比如天然的葫蘆瓢，人工製作的陶罐瓷瓶等。如果用竹籃盛水會怎樣？竹籃看起來容量挺大，但有很多縫隙。用竹籃打水，水會從縫隙中流走。中國人用這句話比喻如果做事方法不對，那怎麼也不會成功。

大水沖了龍王廟

龍王是神話傳說中的水族之王，掌管行雲布雨之事。古時人們修建龍王廟祭祀龍王，祈求風調雨順。但是，洪水還是會常常出現，無情地沖毀人們的家園，甚至把地上的龍王廟也一起沖了。龍王是水族的王，卻被大水沖了了自己的廟宇，這多麼可笑啊。「大水沖了龍王廟，一家人不認得一家人」，中國人用這句話形容大家本是自己人，卻因互不相識而發生誤會和衝突。

水能載舟，亦能覆舟

水能承載舟船安穩地航行，也能將船隻掀翻吞沒，就像古時百姓會支持仁慈的君主，也會反對殘忍的暴君。中國人常用這八個字來比喻事物如果使用得當就會有益處；使用不當則會帶來危害。

水中撈月

物體在光的反射下會在水中形成倒影。在一則寓言故事中，夜晚的月亮倒映在清澈無波的井水中，被一隻小猴子看到了，牠嚇了一跳，以為月亮掉進了井裏，連忙喊來猴羣。牠們爬上井邊的大樹，一隻抓着另一隻的尾巴，試圖打撈井裏的月亮。可小猴子的手剛一碰到水，月亮就不見了。傻乎乎的小猴子啊，那只是倒影，並不是真正的月亮！中國人常用「水中撈月」表示做根本不可能做到的事情，結果只能是白忙一場。

奪人性命的洪水

水平時看上去柔弱溫和，給世界帶來勃勃生機，但有時也會展現狂暴猙獰的一面，奪走人和動物的生命。滔天洪水呼嘯而至，房屋被沖毀，牲畜被捲走，田園變為澤國，驚恐的人們在波濤中呼喊求救。遠古時代，由於防洪抗洪的能力有限，面對洪水這一可怕的天災，人們顯得那樣弱小，甚至很多時候只能在洪水來襲時聽天由命。

氣候原因　連續多日暴雨時，河流的水位不斷升高，最後河水沖出河道，淹沒城市村莊。

地理原因　地勢平坦或低窪的地方，河道容易淤積，導致河牀抬高。遇到雨季，河水就會漫出河牀。

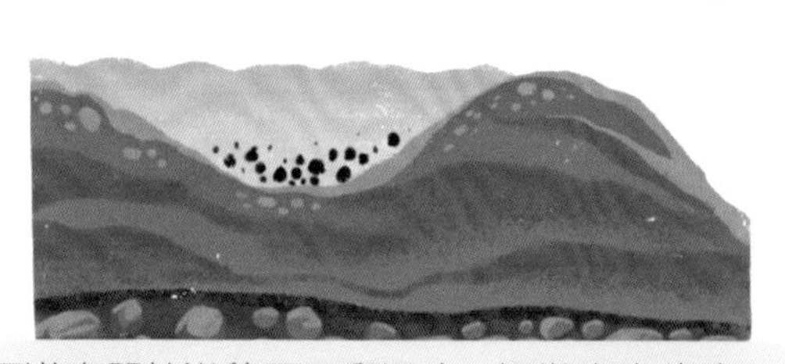

河道裏開始淤積石子和泥土，河牀漸漸抬高。

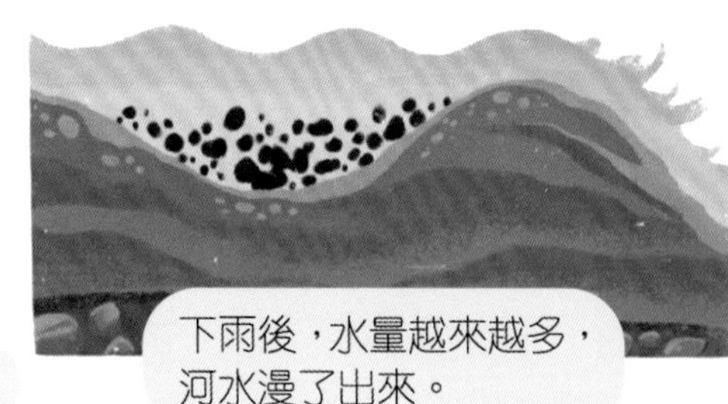

下雨後，水量越來越多，河水漫了出來。

從古至今，中國人與洪水的鬥爭從未停止。歷史上留下了許多關於抗洪的神話傳說，「大禹治水」就是其中之一。相傳，遠古時期洪水泛濫，人們生活困苦。禹繼續父親鯀（粵音滾）未完成的治水重任，帶着尺、繩等測量工具，領着伯益、后稷等同伴，走遍大江南北，考察山川河流，把治水方法從「堵」改為「疏」，成功馴服了洪水。江河通暢之後，大地重回青山綠水的模樣，人們又過上了幸福安穩的生活。

挖山掘石

禹認為光靠「堵」是無法治理洪水的，應該疏通河道才行。他帶領眾人挖山掘石，引導洪水奔向大海。

耜（粵音自）

耜是中國遠古時期的農耕工具，模樣既像鏟又像叉。耜是大禹治水時的好幫手。

大禹治水

傳說中，禹率領河工風餐露宿，四處治水。經過 13 年的治理，洪水終於不再肆虐。人們為表達對禹的感激，尊稱他為「大禹」。

摧毀家園的乾旱

水，多了會引發洪災，少了又會引發乾旱。長期缺水會導致地面乾裂、植物枯萎，莊稼和牲畜渴死。沒有食物，甚至沒有飲水，對於人們來說是滅頂之災。乾旱常常還會帶來嚴重的蝗災，讓饑荒雪上加霜。被飢餓折磨的人們只好背井離鄉，尋找新的家園。

人為原因
人們砍伐森林，放火燒山，導致地表植物減少，土地養護水源的能力也因此減弱。

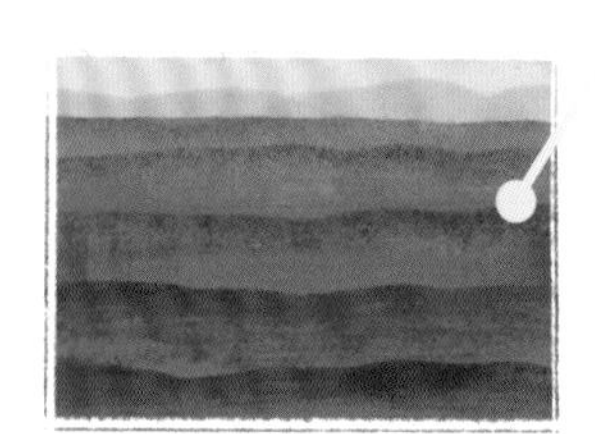

蝗災
乾燥的土壤和稀疏的植被，反而利於蝗蟲繁殖。乾旱常會引發嚴重的蝗災。數量龐大的蝗蟲羣啃食莊稼，給人們帶來更大的災難。

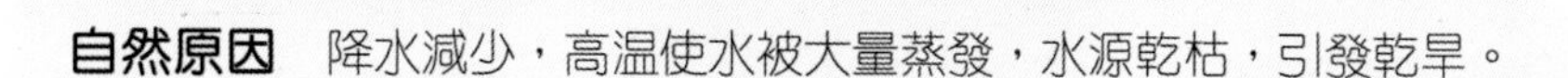

自然原因 降水減少，高温使水被大量蒸發，水源乾枯，引發乾旱。

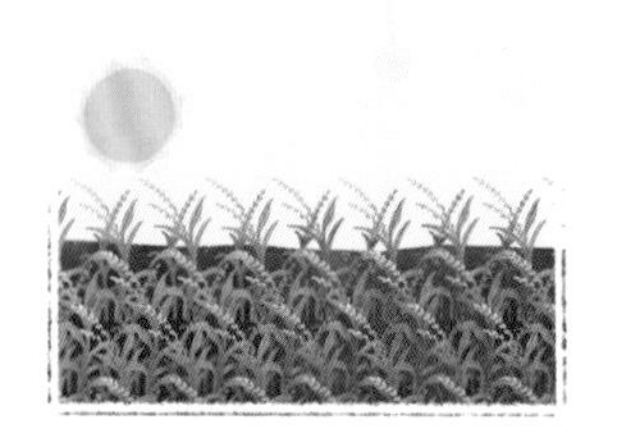

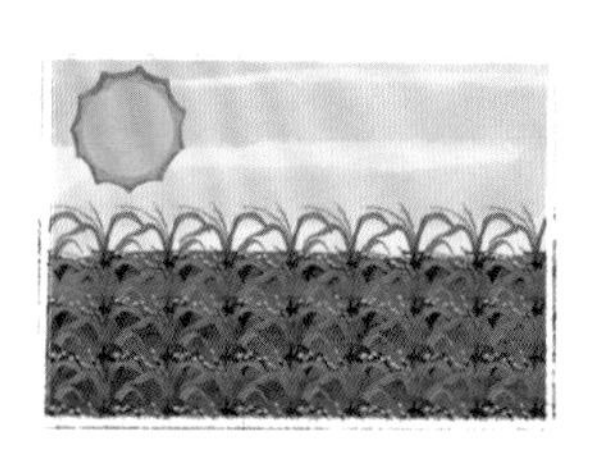

和乾旱有關的神話傳說也有不少，比如我們熟悉的「后羿射日」。相傳，天帝生了十個太陽，他們有一天同時出現在天空中，十個熾熱的火團炙烤着大地，河流乾涸，森林和莊稼都被烤焦了……為了拯救在旱災中掙扎的百姓，英雄后羿張弓搭箭，射下了九個太陽，只留下一個掛在天上。可怕的旱災結束了，百姓重新過上正常的生活。

三足金烏

傳說太陽是金烏的化身。金烏是長有三隻腳、外貌像烏鴉的神鳥。

后羿射日

十日並出，大地乾旱，草木枯萎。善於射箭的后羿射下了九日，成為著名的射日英雄。

中國人的信仰：祭龍王

在祖先們的眼中，水的情緒總是難以捉摸，一旦鬧脾氣便會引發災難。無論是水多引發洪災，還是水少導致的旱災，都讓人們受盡折磨。人們對水又愛又怕，熱愛與敬畏催生了對水的崇拜。許多和水有關的神靈，在人們的想像中誕生了。古人認為，在水裏居住着統治水下世界的龍王爺，他們負責在人間行雲布雨。從江河湖海到溪流井泉，到處都有龍王爺居住。

殺豬宰雞

人們會殺豬宰雞，當作祭品獻給龍王。

焚香叩拜

古代百姓對龍王充滿敬畏，祭祀時焚香叩拜以示虔誠。

四海龍王

東海龍王、南海龍王、西海龍王、北海龍王的統稱。古代百姓認為龍王是管理人間風雨的神，因此修建龍王廟來供奉祭拜他們。

因為古時科學還不發達，人們天真地以為，洪災和旱災的出現是因為得罪了龍王爺，為了祈求龍王爺保佑，確保一年裏風調雨順，人們會舉行「祭龍王」的活動，並在很多地方修建龍王廟。今天，一些地方依然保留着「祭龍王」的古老習俗，只是已由過去的迷信祭祀變成了民俗娛樂活動。

了不起的黃河水利：西門豹和引漳十二渠

黃河洶涌澎湃、奔流不息，它雖是母親河，卻也曾給人們帶來深重的災難。在過去漫長的歲月裏，黃河平均每三年就要決口兩次，每百年就有一次大改道。一次次決口和改道所帶來的饑荒和苦難，讓我們的祖先逐漸醒悟：傳說和神明只是美好的精神安慰，並不能解決問題。他們開始尋找真正有用的治水辦法。

西門豹

戰國時期，漳河經常發生水災。當地的豪紳和巫婆勾結，讓人們每年獻給河伯（河神）很多錢財，還要給河伯「娶媳婦」。西門豹到鄴地當官後，破除迷信，趕走巫婆，帶領百姓修建了 12 條水渠，引河水灌溉農田。此後水災減少，莊稼有了好收成，鄴地興旺發展了起來。

戰國時期，鄴地（鄴，粵音業）流淌着黃河的一條支流——漳河，這條河流常有水災發生。西門豹是鄴地的官員，他勇敢地取締了「河伯娶妻」等迷信活動，發動老百姓一起在漳河上開鑿修建「引漳十二渠」，引漳河水來灌溉農田。「引漳十二渠」是我國有文字記載的最早的大型多引水口灌溉工程。

黃河容易泛濫的原因

自然原因 黃河中游流經黃土高原，沖走了很多泥沙。泥沙沉積，使下游成了「地上河」（河牀高出兩岸地面）。

黃河流域的降水集中在七八月份，且多暴雨，而冬季降水很少，使得黃河的水量在不同時節變化很大。

人為原因

不少朝代建都在黃河中下游，為了建造豪華的宮殿，人們大量砍伐樹木，破壞了環境。黃河中下游還是古代戰爭的常發地，頻繁的戰爭破壞了大面積的山林。

古時候，窮苦百姓為了生存，在黃河沿岸過度開墾放牧，加劇了水土的流失。

引漳十二渠

又叫「西門渠」。西門豹帶領百姓在漳河上修建了 12 個引水口，並設閘門控制，每一個引水口連接一條水渠。「引漳十二渠」乾旱時可以灌水肥田，發大水時能夠防洪排澇。

了不起的長江水利：李冰和都江堰

和經常引發災禍的黃河相比，我們的另一條母親河——長江，顯得溫和很多。長江流域雖然降水量大，但上游茂密的原始森林可以很好地保持水土，中下游眾多的湖泊和河溪又具備良好的分洪能力，所以古人常說「有河患，無江患」。當然，倘若遇上極端的暴雨天氣，長江流域的洪災也在所難免。

春秋戰國時期，我們的祖先在長江上興修各種水利工程，比如鄭國渠、靈渠和聞名中外的都江堰。都江堰是由戰國時期秦國的李冰率當地民眾修建的，它位於長江支流岷江，集防洪、灌溉、航運等功能於一體。都江堰把原本水旱災害嚴重的成都平原，變成了「水旱從人，不知饑饉（粵音緊）」的「天府之國」。直到現在，它仍在造福人們。

了不起的水文觀測：各式各樣的水則

要想有效地防御洪水乾旱，保證灌溉和航運，需要經常觀察江河湖泊的水位。但觀測時間短時還好，時間長了，想要及時發現水位究竟是高還是低，全憑個人經驗，很容易出問題。為了能方便隨時判斷水位高低，中國人製作了監測水位的裝置——「水則」。

水則是中國古代的水尺，可以放在水中測量水位。「則」的意思是標準、准則，刻有水則標尺的碑就是水則碑。水則的樣式五花八門，除了常見的可通過標尺判斷水位的水則碑外，還有石魚、石人、石馬這類水則石刻與雕像。

都江堰石人水則

據說李冰曾在都江堰工程中利用立於水中的石人來觀測水位。通過觀察水淹石人的位置，可以判斷水位的高低和水量大小。

盛不沒肩

水位不能高於石人的肩部，否則會出現洪災，需要從飛沙堰泄洪。

竭不至足

水位不能低於石人的足部，否則會出現旱災，需要加大內江進水量。

寧波平字水則碑

在寧波有一座始建於南宋的水則碑，碑上刻着一個大大的「平」字。如果水浸沒了「平」字，說明水位過高，應當排水；如果「平」字露出水面，說明水位過低，應當蓄水。

了不起的灌溉工程：坎兒井

江河、湖泊和沼澤中的水在地表流動，沿岸生活的人們可以直接引水灌溉農田，滿足生存需要。但一些乾旱少雨的地方不但缺少地表水源，而且就算把水引到地面上，也會因高溫而大量蒸發。人們該如何解決這些地方的水源問題呢？聰明的祖先們將目光投向了地下——在那裏，豐沛的地下水正在緩緩地流動。

在中國新疆炎熱的吐魯番地區，有一種很特別的利用地下水的水利灌溉工程——坎兒井。在當地，每逢春夏時節，融雪和雨水流下山谷，滲透到地面下形成地下水。聰明的人們利用山的坡度，建造坎兒井來引流地下水。坎兒井下的水流不會因炎熱和狂風而大量蒸發，因而流量穩定，可以確保農田灌溉和居民用水。

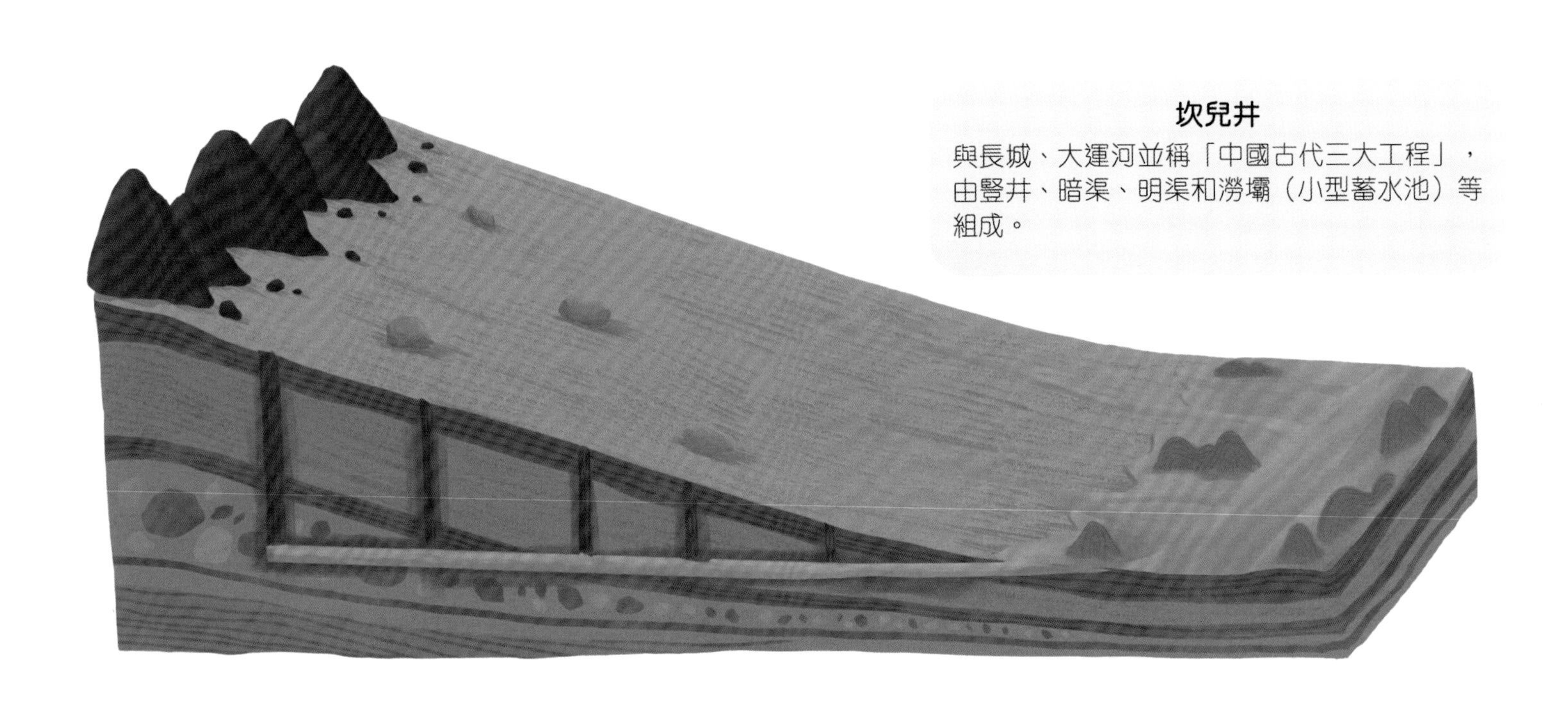

坎兒井

與長城、大運河並稱「中國古代三大工程」，由豎井、暗渠、明渠和澇壩（小型蓄水池）等組成。

明渠

地面上的水渠，地下水經暗渠流出，由明渠輸送，灌溉寶貴的綠洲。

澇壩

澇壩將水蓄起來供人們使用。

了不起的灌溉奇跡：塞上江南

乾燥少雨的中國西北，有一處水草豐茂、景色秀麗的神奇之地，那就是著名的「塞上江南」——寧夏平原。它地處半乾旱氣候地區，在想像中本應是黃沙大漠的模樣，但展現在人們面前的卻是滿眼湖光山色，到處稻田金黃，瓜果飄香。這片富饒的景象，得益於一條條將黃河水引入寧夏平原的古渠。

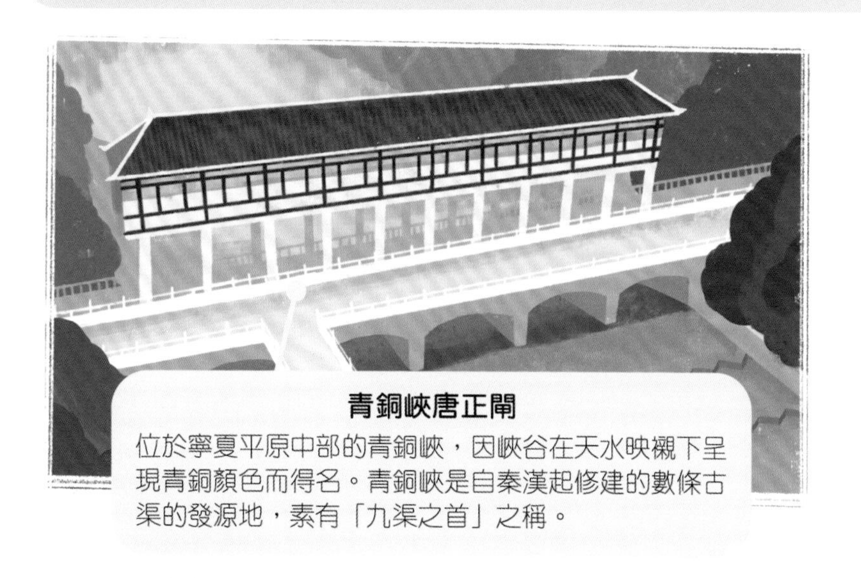

青銅峽唐正閘

位於寧夏平原中部的青銅峽，因峽谷在天水映襯下呈現青銅顏色而得名。青銅峽是自秦漢起修建的數條古渠的發源地，素有「九渠之首」之稱。

古渠造就塞上江南

水網縱橫，渠道密布，黃河水滋養着寧夏平原的土地和人民。

自秦漢以來，寧夏地區的人民利用黃河之便開渠灌田，把大片荒漠變成了美麗的綠洲。兩千多年過去了，在塞上江南美麗的土地上，至今還留存着大量的古渠：秦渠、漢渠、唐徠渠（徠，粵音來）、七星渠……各條古渠縱橫交錯，密如織網。一條條珍貴的「沙漠之河」，組成了一座巨大的「水利博物館」。

了不起的取水技術

「日出而作，日入而息。鑿井而飲，耕田而食。」在過去，水井是人們取水的重要水源。從深井裏直接把水提上來可是個力氣活兒，有沒有什麼辦法可以讓打水變得輕鬆一些呢？聰明的中國人開動腦筋，發明了很多工具，比如轆轤（粵音碌牢）、桔槔（粵音高）、井車等。這些工具幫助人們節省了打水的力氣。中國人的發明智慧，在日常生活中無處不在。

井車 一種灌溉工具，由齒輪、水輪和木斗鏈組成。使用時人們推動齒輪，水輪轉動，帶動木頭鏈將木斗送到地下取水。

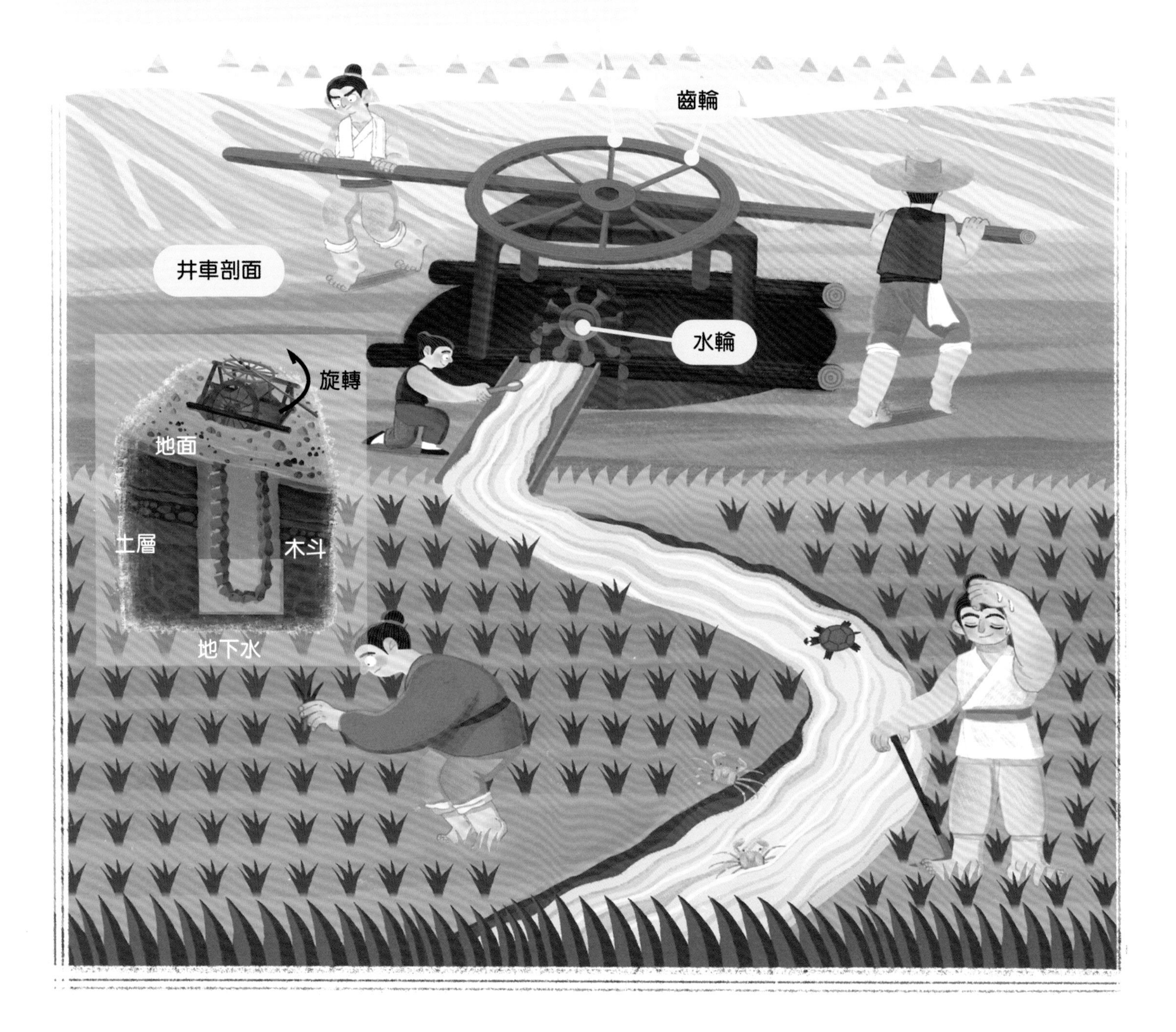

除了挖井取水，不同地區的中國人還因地制宜，發明了一些特別的取水方法。生活在山腳下的人們，利用竹子做成竹渠，把山上的泉水引下來使用。生活在乾旱地區的人們，則挖出了水窖，把雨季的雨水收集起來，留待旱季使用。

竹渠

人們把空心的竹子劈開，做成竹渠。山上的泉水沿着竹渠源源不斷地流下來，供山腳下的人們使用。

水窖

中國西北很多地方乾旱少雨，人們挖掘水窖，把雨水和積雪收集起來，這樣旱季時就有水可用啦。

桔槔

俗稱「吊桿」，可以利用繫在一端的石塊的重量幫助人們把水桶提起來。

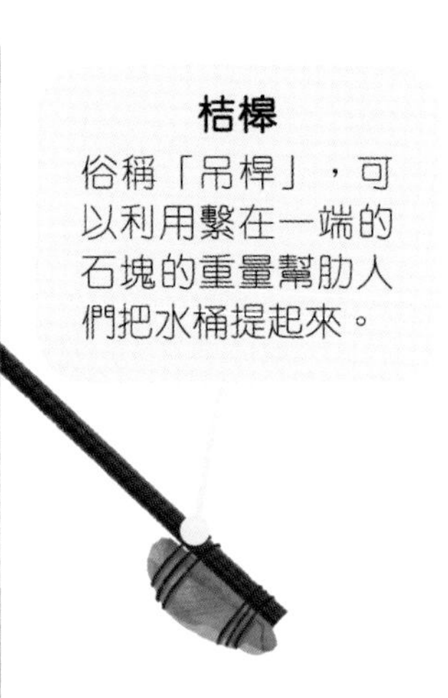

水窖剖面

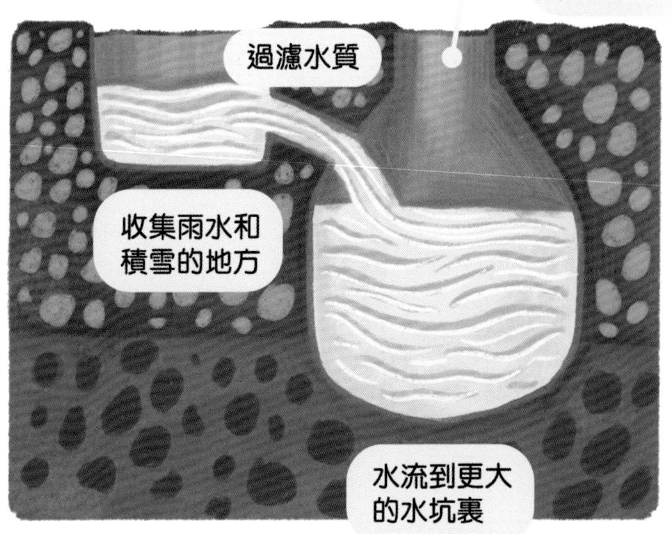

了不起的淨水技術

天然水中多含泥沙、藻類和細菌等有害雜質，直接用來飲用和洗浴都對身體不好。今天，我們擰開家裏的水龍頭，乾淨的自來水就會嘩嘩地流出來，但在古代，人們採用什麼辦法來淨化水呢？其實，淨水技術並非現代人的專利，我們的祖先對生活中的用水很重視，想出不少淨化水的好辦法，比如煮沸、沉澱、過濾等。

燒開水

把水煮開是最簡單的淨水方法。中國人很早便發現了喝開水的好處。「多喝點熱水啊！」家人是不是經常這樣提醒你？

淨水池

在浙江永嘉縣，有一座明代修建的淨水池。它由 5 個水池組成，每個水池都有各自的作用。

1 號池

池底墊有砂石、瓦礫，可以讓流水中的雜質沉澱下去。

2 號池

池壁用磚砌成，裝有木炭來淨化流水。

3 號池

用於儲水和再次沉澱。

4 號池

3 號池水滿後流到這裏，可以飲用。

5 號池

池水可供人們洗滌，底部有排水孔排放污水。

作為重要的飲用水源，水井自古以來就受到重視。保護水井是許多地方民間的公共道德守則。為了保護井水水質，人們會用磚或陶片加固井壁，給井加上蓋子，定期清除井內的污泥。一些地方的人們還會在井裏養烏龜或鯉魚，以此鑒定水質，淨化藻類。

了不起的排水技術：福壽溝

城市裏人口眾多，要是下雨時積水排不出去，發生內澇可就糟了！我們的祖先很聰明，他們會在城市裏修建實用的排水系統。例如許多城市和宮殿，都會挖掘環繞城牆的護城河。護城河不僅具有防御作用，還有排水功能。暴雨來臨時，城牆上預先留置的排水口，可以把城裏的積水排到城外的護城河中去。明清時期修建的紫禁城，分布着 1,000 多個龍頭造型的排水口，它們不但實用，而且是精美的藝術傑作。

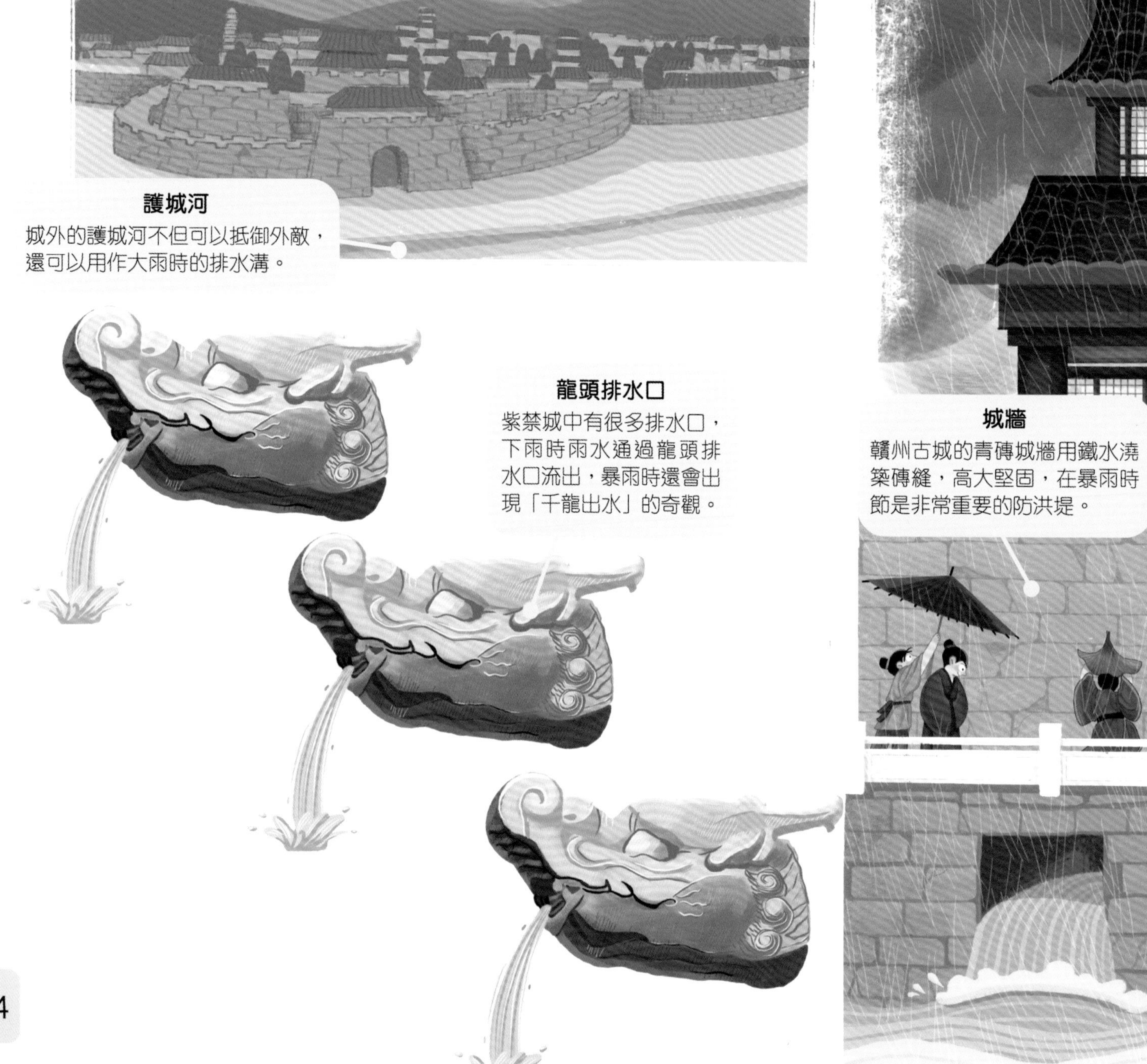

護城河

城外的護城河不但可以抵御外敵，還可以用作大雨時的排水溝。

龍頭排水口

紫禁城中有很多排水口，下雨時雨水通過龍頭排水口流出，暴雨時還會出現「千龍出水」的奇觀。

城牆

贛州古城的青磚城牆用鐵水澆築磚縫，高大堅固，在暴雨時節是非常重要的防洪堤。

地處江西的贛州（贛，粵音禁），每逢夏季常有暴雨。北宋時期，這裏開始在地下修建複雜的排水溝渠。溝渠根據城內街道布局和地形特點設計，因整個水道像是篆體的「福」字和「壽」字，因而被人們叫作「福壽溝」。福壽溝幫助贛州抵禦了無數次大水的襲擊，為當地贏得了「千年不澇城」的美譽，直到今天仍然守護着當地人民。

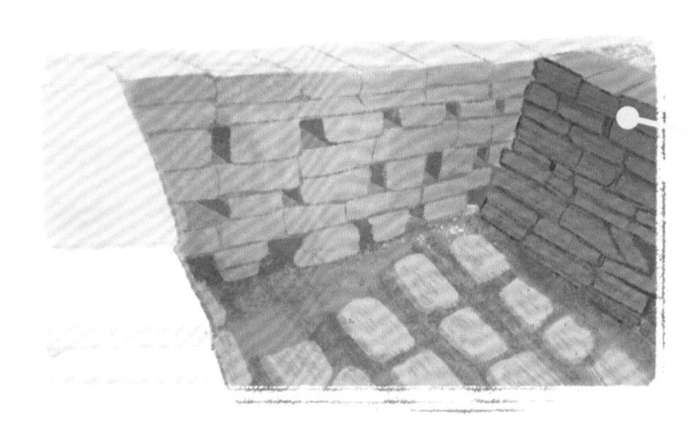

齊都城排水道口

東周時齊國的都城臨淄（粵音知）修建有完善的排水系統，其中一處排水口分上中下 3 層，裏面的通道很複雜，以防止敵人從這裏偷偷潛入。

福壽溝雨漏

古代的城市「地漏」，可以讓地上的積水順利流入下水道。

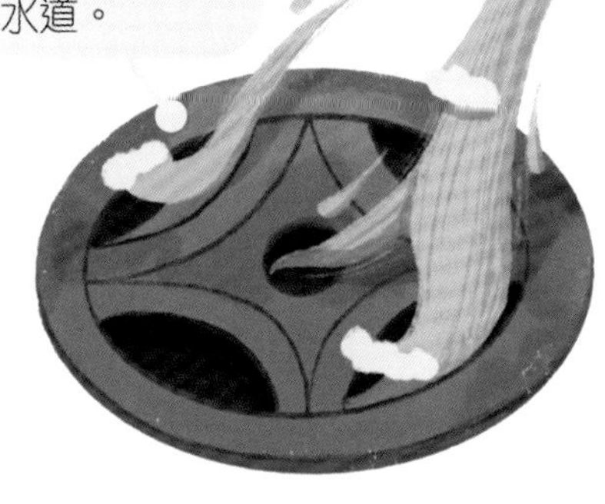

福壽溝水窗

水窗在江水上漲時會因壓力自動關閉，待水位下降後，下水道積存的水會衝開水窗排出。

福壽溝下水道

福壽溝的下水道和地面上的雨漏、明溝相連，排走城裏的雨水和生活污水。

了不起的水循環系統：團城

在今天北京的北海公園旁，有一座有着八百多年歷史的皇家園林建築，名叫團城。通常，為了排水，古建築都會在牆上和地面預留各種排水口，可在團城，不但找不到排水口，而且下再大的雨，這裏的地面也不會有積水，再乾旱的天氣，這裏也能保持濕潤，究竟是怎麼做到的呢？原來這是因為團城擁有一套先進的水循環系統。

團城的水循環

雨水被儲存起來，通過地下水道在城內不斷循環，雨季排澇，旱時滋養草木。

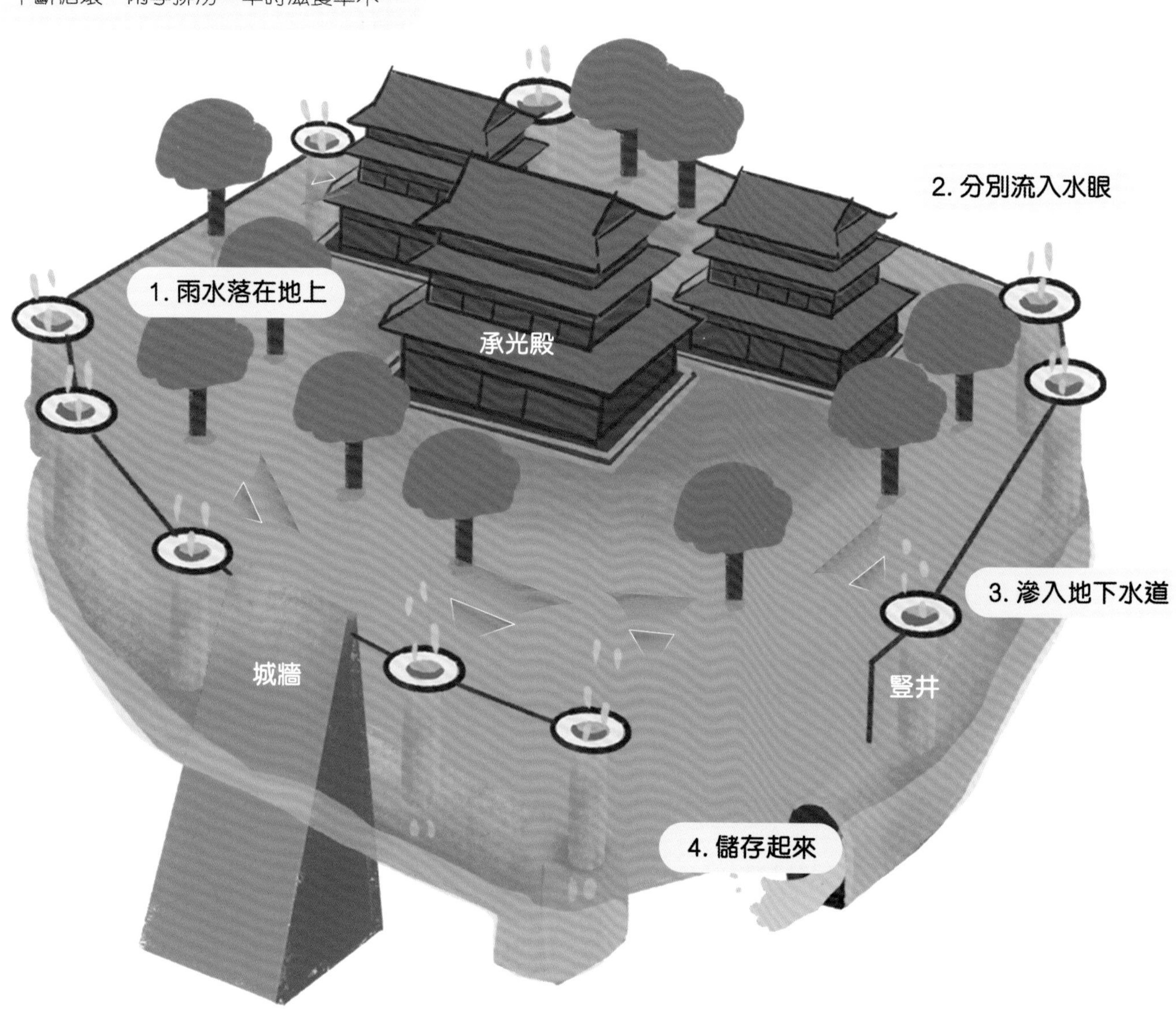

團城的水循環系統由排水和集水兩部分組成。排水主要靠地面的青磚和水眼，下雨時，雨水會滲透青磚，通過磚縫流入地下。當雨量很大時，水眼還能幫助排水。集水的秘密在於地面下方的豎井和水道。雨水流入散布在團城古樹附近的水眼，水眼下有豎井，豎井之間有水道連接。多餘的雨水就這樣被儲存在地下，等乾旱時繼續滋養這裏的草木。

了不起的江南民居

中國的江南地區，河湖星羅棋布，降水量豐沛。煙雨朦朧，綠意蔥蘢，村鎮街市看上去像一幅幅賞心悅目的水墨畫。這裏人們居住的房屋有鮮明的水鄉特色。民居臨水而建，前門通巷，後門臨水。每家都有自己的「專屬碼頭」，以供人們取水、洗滌和乘船往來。

地處江南的安徽徽州地區，很多民居採用了一種帶特殊排水設計的布局，這種布局方式叫作「四水歸堂」。為什麼叫這個名字呢？這些民居的造型有點像北方的四合院，但由於江南人口眾多，土地相對緊張，所以院落面積較小，布局更加緊湊。民居中央的空地叫作「天井」，天井有採光和排水等作用。下雨時，雨水順着四面房檐流入中間的天井，「四水歸堂」因此而得名。

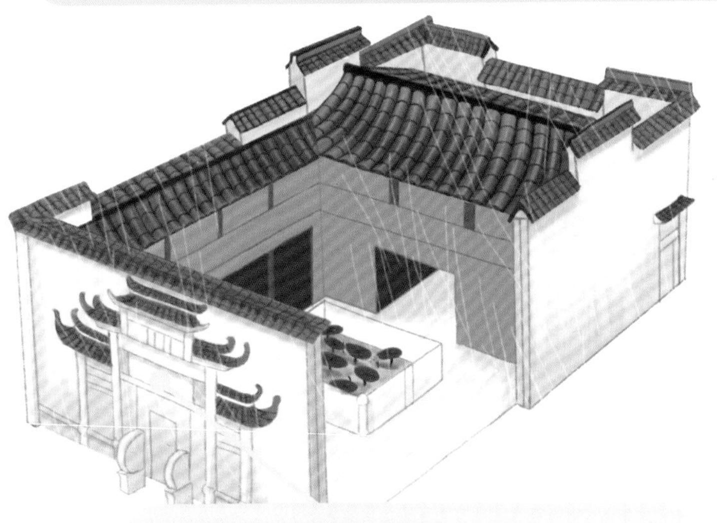

「四水歸堂」住宅

住宅房屋和院牆一起圍成中間的天井。白色的牆壁，黑色的瓦，美觀雅緻。

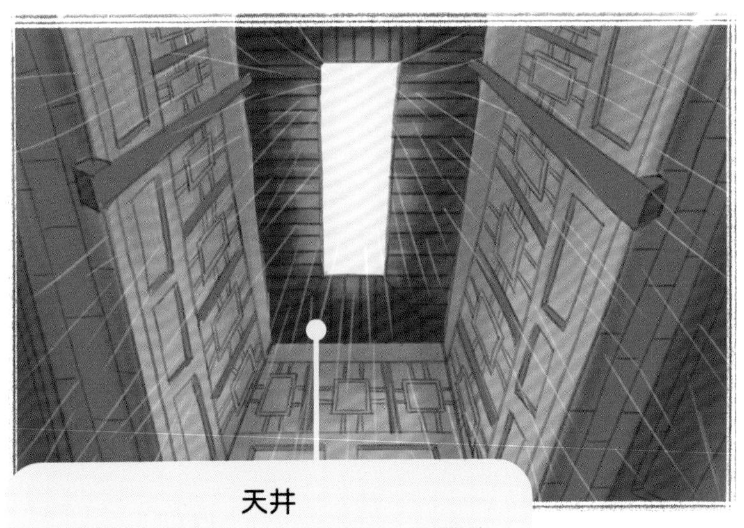

天井

天井幫助住宅通氣、採光和排水，下雨時，四面的雨水會通過斜斜的屋檐匯聚到這裏。

「有堂皆井」

徽派建築的天井一般在正堂和門廳之間。夏天下雨時，四面流下的雨水沖刷着天井中間的青磚石板，帶給人們陣陣清涼。

了不起的傳統漁業：捕撈和養殖

美味的魚兒是大自然給我們祖先的慷慨饋贈。遠古時代，我們的祖先只會徒手捉魚，後來捕魚的手段發展得越來越多，先是魚叉、魚鈎和水溝捕魚，然後是利用鸕鶿、水獺、漁網、魚籠……從古至今，很多人以捕魚為生。萬頃碧波的江上，波濤洶涌的海中，水鳥在頭頂輕盈飛過，身手矯健的漁民滿懷對生活的期待，把漁網奮力撒向水面。

漁業捕撈

鈎捕

要想把魚鈎起來，沒有足夠的耐心可不行哦。

籠捕

魚籠多由竹子編成，口小肚大。將魚籠放置在合適的水域，魚鑽進去就出不來了。

鸕鶿

經過馴化的鸕鶿，可以幫助人們在水流很急或水淺難以下網的地方捕魚。唐代大詩人杜甫曾有詩寫到「家家養烏鬼，頓頓食黃魚」。詩中的「烏鬼」便是鸕鶿。

在捕魚技術不斷進步的同時，人們開始養殖魚類。中國的漁業養殖歷史非常悠久。一些學者認為，早在西周時期，中國人已開始人工養魚。在漢代，鮮美的鯉魚很受歡迎，鯉魚養殖業非常發達。宋代以後，草魚、青魚、鰱魚、鱅魚四種魚類成為漁民慣常養殖的魚種。最初，人們只是將捕來的小魚蓄養起來，後來才學會收集魚卵、孵化魚苗。

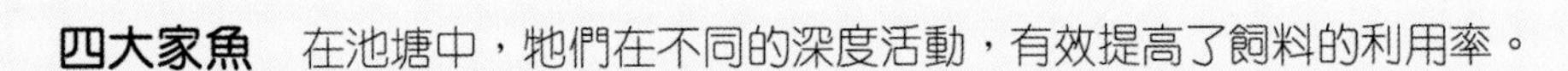

四大家魚 在池塘中，牠們在不同的深度活動，有效提高了飼料的利用率。

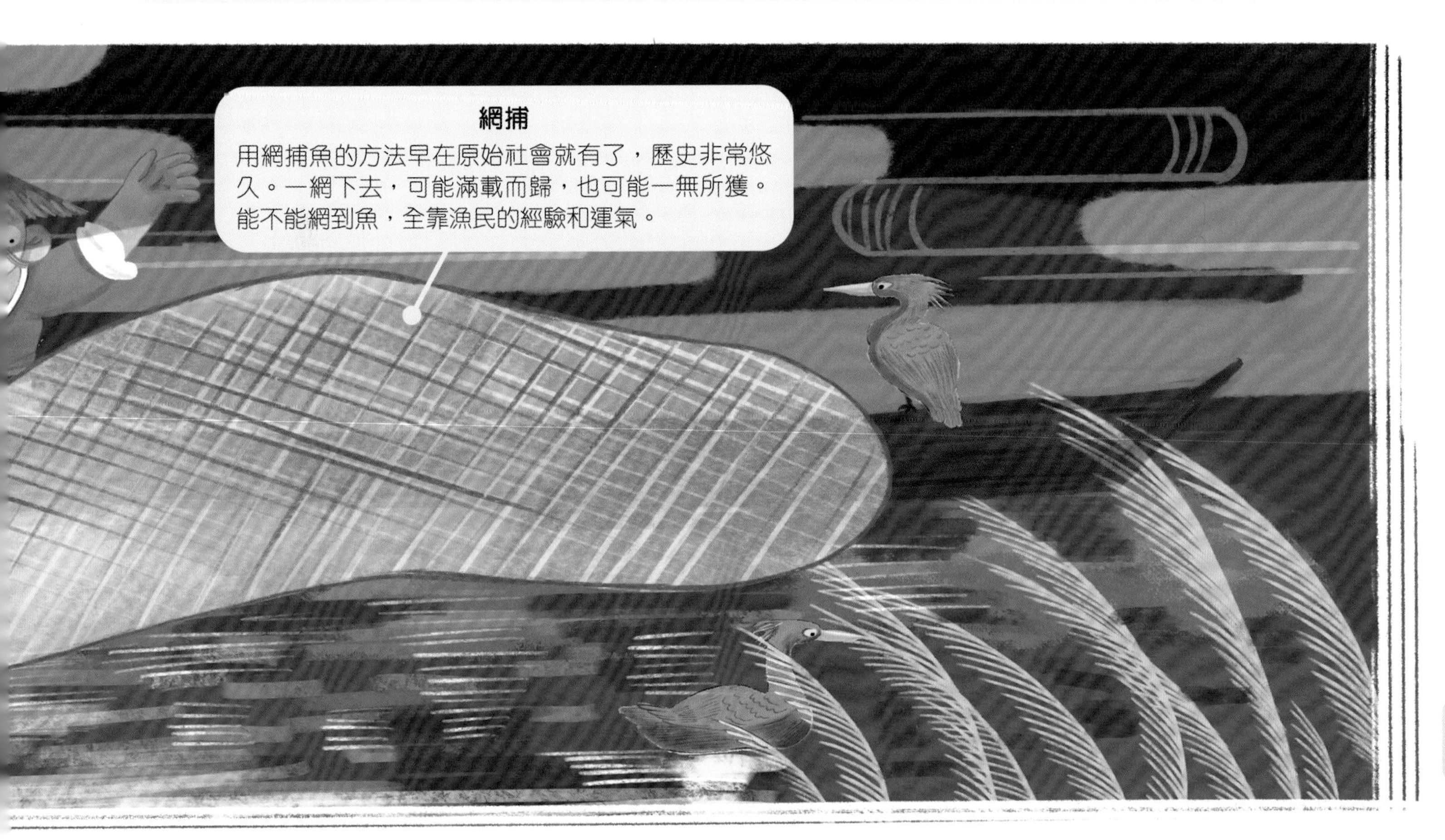

了不起的水力機械：水磨和水擊麪羅

江河溪流一日不停地嘩啦啦向前奔流。平坦的大地被沖出一道道深深的溝渠，布滿棱角的岩石被磨成圓滾滾的模樣。這力量可真了不起！能不能讓這種力量為我們所用呢？我們的祖先又動起了這樣的腦筋。就這樣，利用水的力量運轉的水力機械在中國出現並發展了起來。早在東漢時，中國便出現了利用水力舂糧（舂，粵音終）的「水錐」和冶煉時用於鼓風的「水排」。

中國歷史上出現的水力機械多種多樣，它們有的用於灌溉與糧食加工，有的用於紡織，還有的用於冶煉金屬。其中，用來加工穀物的水磨和「水擊麪羅」是極具特色的代表。在它們出現之前，加工糧食是一件很費力氣的工作。把麥子磨成麪粉，需要人或家畜大汗淋漓地推磨。篩麪時，需要人們不斷抖動篩子，雙臂累得又酸又麻。使用水力之後，人們解放了雙手，加工糧食變得省力多了。

了不起的古代橋樑：趙州橋

有水的地方，就會有橋。橋是水上重要的交通設施，但它們長得可不一樣，有的又長又直，有的是彎彎的拱形。建橋使用的材料也各不相同，有的橋是用石頭做的，有的橋是用木頭做的……你一定見過很多美麗的橋吧，還記得它們的樣子嗎？

趙州橋

趙州橋全部用石頭砌成，下面沒有橋墩。它橫跨在寬寬的河面上。中間行車馬，兩旁走人。千百年來，這座橋上一直人來人往，車馬不絕。

平日，河水從大拱洞下靜靜流過。

大拱

全橋只有一個弓形大拱。弓形大拱不僅使橋面上沒有陡坡，而且節省石料。

這座橋叫作「趙州橋」，始建於隋代，是當時的匠師李春設計並主持建造的。它是中國現存最早、保存最好的大型石拱橋。論起它的名氣，在橋樑史上可是名列前茅。為什麼呢？因為無論從設計到技術，趙州橋在當時都稱得上世界罕見。

了不起的運河工程：京杭大運河

古人相信「水能聚財」，放在今天想一想，這句話似乎也有一定道理。一方面，豐富的水資源有利於發展農業，人們吃飽喝足，人口便能增長；另一方面，廣布的河流方便發展水運，商業發展起來，經濟會更加繁榮。就像著名的京杭大運河，它南起杭州，北至北京，貫通南北。京杭大運河的修建，帶動了沿岸城鎮的活力，一座座如明珠般的歷史名城在它的兩岸發展了起來。

修建京杭大運河 這麼多人在忙什麼？原來他們正忙着修建京杭大運河。從春秋到清代，中國人代代接力，創造了這項了不起的工程奇跡。京杭大運河是世界上長度最長、工程最大的古代運河。

隋煬帝「三下江南」

隋代有個皇帝叫隋煬帝。相傳他征調了百萬名工人，修建了從北京通往杭州的大運河。運河修成之後，他乘坐豪華龍舟，帶領羣臣三次巡遊江南。

大多數運河邊的城市商業都很發達。借着便捷的運河交通，這些城市可以把當地生產的貨物賣向全國各地。還有的城市由於地理位置優越，擔當起運河上的「換乘站」，南來北往的人和船都在這裏換乘，城市也變得更加繁榮。「東南形勝，三吳都會，錢塘自古繁華。」、「腰纏十萬貫，騎鶴下揚州。」詩中地處南方的杭州、揚州，還有北方的德州、滄州等，都是歷史上京杭大運河沿岸著名的商業城市。

運河兩岸 搬貨的工人、造船的工匠、開店的商人，人人都靠着運河吃飯。流動的運河帶動城市快速繁榮起來。

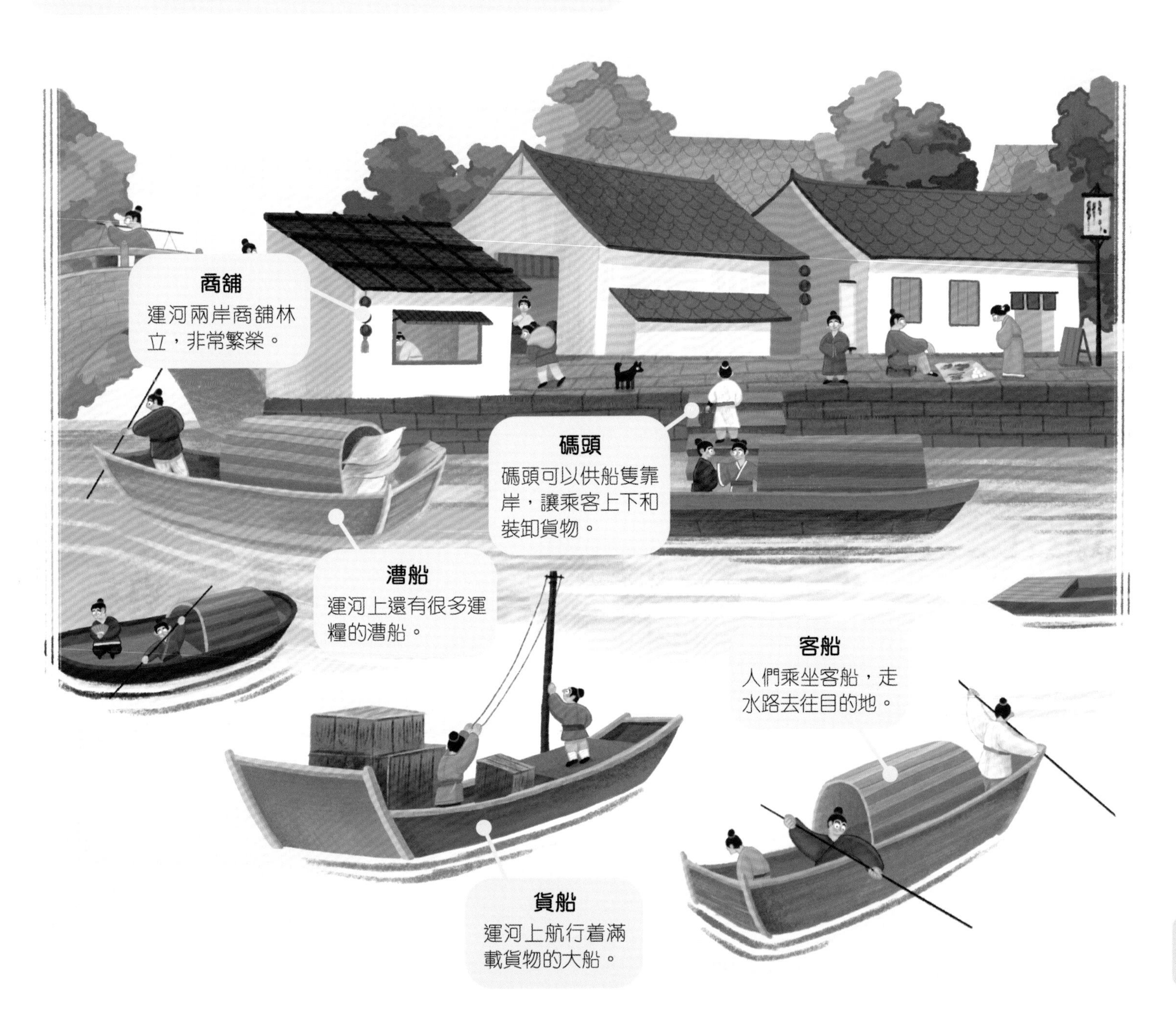

中華文明與世界‧水之篇

水轉大紡車

中國人利用水力紡織的歷史由來已久。南宋時出現的水轉大紡車，是當時世界上最先進的紡織機械。一些學者認為，中國水力紡織機械的相關技術，可能在18世紀前傳入了歐洲，並對英國水力紡紗機的發明產生了間接的影響。

油紙傘

古代中國人用竹條做傘架，用塗上桐油的紙做傘面，製作出可以遮雨的油紙傘。油紙傘距今已有一千多年的歷史。後來，英國人受油紙傘開合原理的啟發，製作出了方便攜帶的鋼架傘。

水車

水車是中國古代常用的灌溉工具，大約出現於東漢，是中國古代農業不可或缺的好幫手。它克服了地形的障礙，幫助人們把低處的水引來灌溉高處的田地，中國的水車技術後來先後傳至亞洲的朝鮮、日本和歐洲各國，推動了各地農業的發展。

水密艙壁技術

古代的船全是木船，很容易破洞漏水。中國人把船艙用不透水的水密艙壁分隔成獨立的小艙，某個小艙破洞進水時，其他各艙不受影響，避免了船隻沉沒。這項技術最早可追溯到東晉。後來，水密艙壁技術傳入歐洲，英國人在18世紀首先設計並建造了帶有水密分艙的軍艦。中國的水密艙壁技術，對世界航海史產生了深遠的影響。

鯉魚

鯉魚原產於亞洲，中國很早便有養殖鯉魚的歷史記載。據説，原產於中國的紅色觀賞鯉魚在明代傳入日本，後被日本人改良成著名的錦鯉。色彩艷麗的錦鯉，是今天風靡世界的一種觀賞魚類。

水電站

水電站是利用水力發電的發電工廠。19 世紀末，西方很多國家都開始建造水電站。水力發電技術在 20 世紀初傳入中國。1908 年，中國引進德國技術，在雲南昆明建造了中國第一座水電站——石龍壩水電站。

水培技術

伴隨工業發展，土壤污染問題不斷加重，人們開始尋求新的種植方法。1929 年，美國教授格里克不靠土壤，只用營養液培養出一株番茄，這種無土栽培的種植方法，就是水培法。中國在 20 世紀 70 年代開始了水培植物的研究與種植。

人造噴泉

相傳在兩千多年前，羅馬人為了解決城市用水的短缺問題，在城中建造了很多噴泉池，既可以提供生活用水，又可以讓人觀賞享樂。人造噴泉利用水泵控制水壓，水經過壓力從噴頭處噴灑出來，形成有趣的景觀，人造噴泉於 18 世紀初傳入中國，被中國人稱為「水法」。

滴灌技術

農作物離不開灌溉，但在過去，由於滲透和蒸發，很多用來灌概的水都被浪費掉了。20 世紀 60 年代，以色列發明了新的灌溉技術——滴灌。這種技術通過塑膠管道將水直接滴灌到農作物根部，非常適合乾旱地區。滴灌技術傳入中國後，漸漸被人們所重視，西北地區很多地方都採用滴灌方式來灌溉農田，大大節省了水資源。

了不起的現代漁業

中國河流廣布、海岸線漫長，水域裏蘊藏着豐饒的水產資源。今天的中國漁業無論是捕撈還是養殖，在規模和技術上比過去都有了巨大的進步。從河流湖泊到江河近海，人們不斷從水中收獲大自然的禮物。大型漁船航向遠洋，從大海深處網回更多的海產。

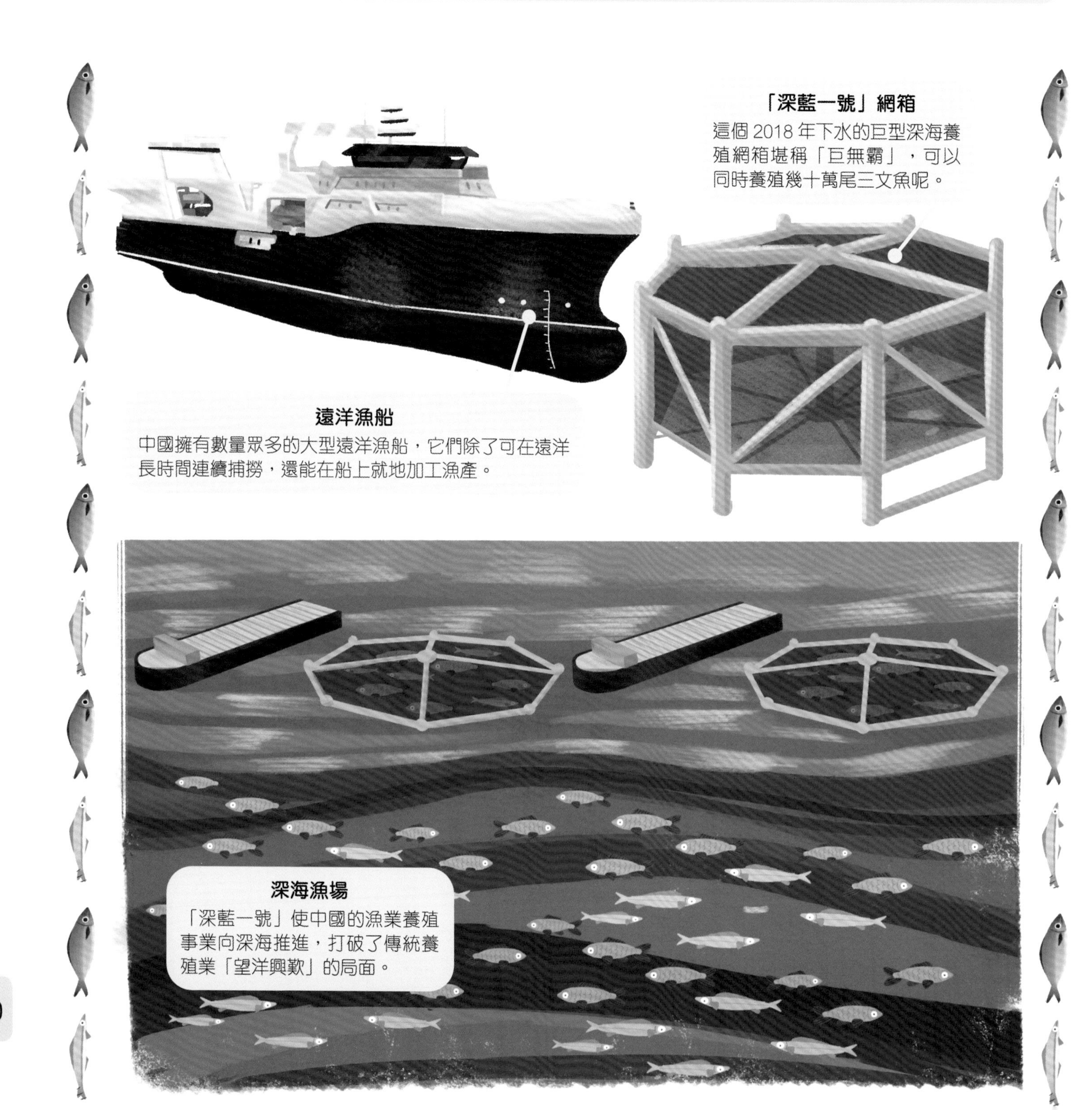

中國目前是世界第一漁業生產國，擁有世界上四分之一的漁船，捕撈量超出全球總產量的三分之一。從近海到遠洋，到處可以看到中國漁民忙碌的身影。除了傳統的捕撈方式，從 20 世紀 50 年代開始，中國大力發展海產養殖業，努力建設滿足人們需要的「藍色牧場」。

了不起的現代水運交通：港珠澳大橋

為了方便地跨過河流，我們的祖先建造了無數橋樑。趙州橋、盧定橋、廣濟橋等精美的古代橋樑，曾讓世界驚艷。今天的我們，依然帶着想像力和創造力繼續祖先的腳步。隨着科技不斷發展，中國人造出的橋樑比古時候更厲害：橋樑不只能跨越河流，還可以跨越海洋。今天，世界上最長的跨海大橋在中國，它就是雄偉的港珠澳大橋。

港口城市

擁有港口的城市可以方便地發展水上交通。在今天世界進出貨物最多的港口中，名列前茅的港口很多都在中國。

除了令人讚歎的港珠澳大橋，中國著名的跨海大橋還有很多，它們把一個又一個港口城市連接起來。同時一艘艘巨輪停泊於港口，裝卸貨物、上下乘客，忙碌而有序。倘若古人看到今天的景象，一定會大呼不可思議。你知道嗎？中國人還在海底建造了許多神奇的海底隧道。各種車輛在海底隧道裏呼嘯奔馳，像在地面上一樣來來往往。

港珠澳大橋

東接香港，西接珠海和澳門，由橋樑、人工島以及海底隧道組成，施工技術難度高，工程規模龐大，被譽為「新世界七大奇跡」之一。

海底隧道出入口　　**海底隧道出入口**

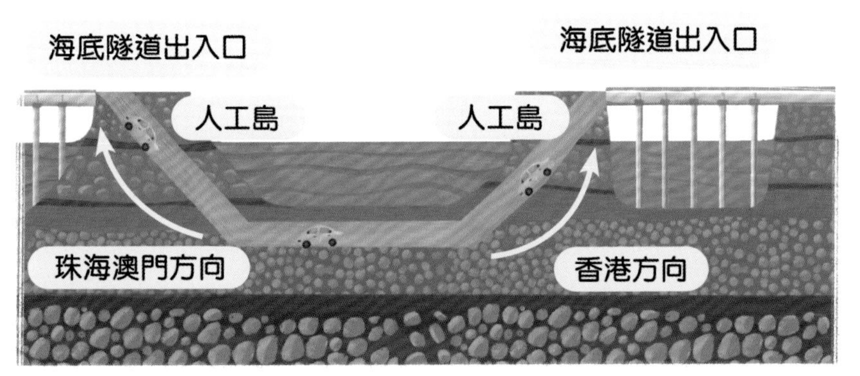

海底隧道　在海峽、海灣等處水底建造的隧道，可以連通陸地交通。中國擁有多條世界知名的海底隧道。

了不起的現代水利工程：「三峽工程」

從古至今，中國人與水相伴而生，水給祖先帶來了繁榮生機，也帶去過重重災難。中國人對與水共生之道的探索，從未停止。從前，我們的祖先修建各種水利防洪灌溉；今天，各種現代化大型水利工程在中華大地拔地而起。其中最具代表性的，便是三峽水利樞紐工程。

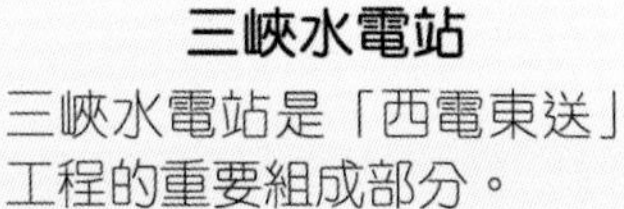

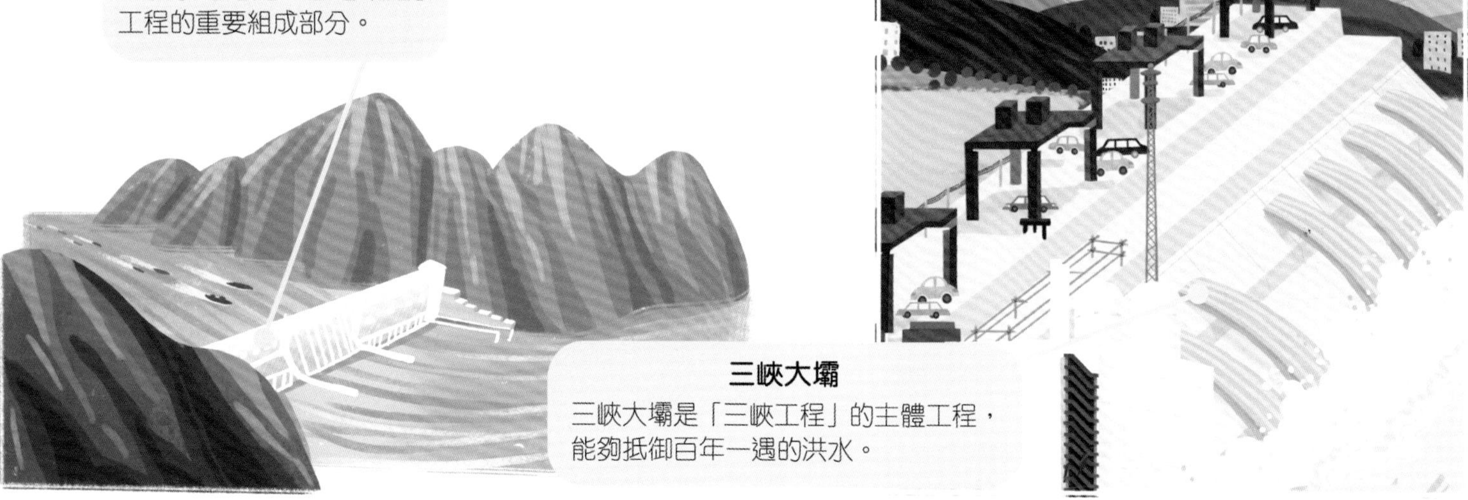

三峽水利樞紐工程，簡稱「三峽工程」，是世界上規模最大的水利工程。它集防洪、灌溉、航運、發電等多種功能於一身。又高又長的混凝土大壩，幫助下游抵御洪水；巨大的三峽船閘，幫助船舶「爬高爬下」，順利地渡過大壩；全世界最大的水電站——三峽水電站，為華中、華東和華南十省市源源不斷地提供電力。「三峽工程」從提出到實現用了超過半個世紀的時間，凝聚着幾代中國人的心血智慧。

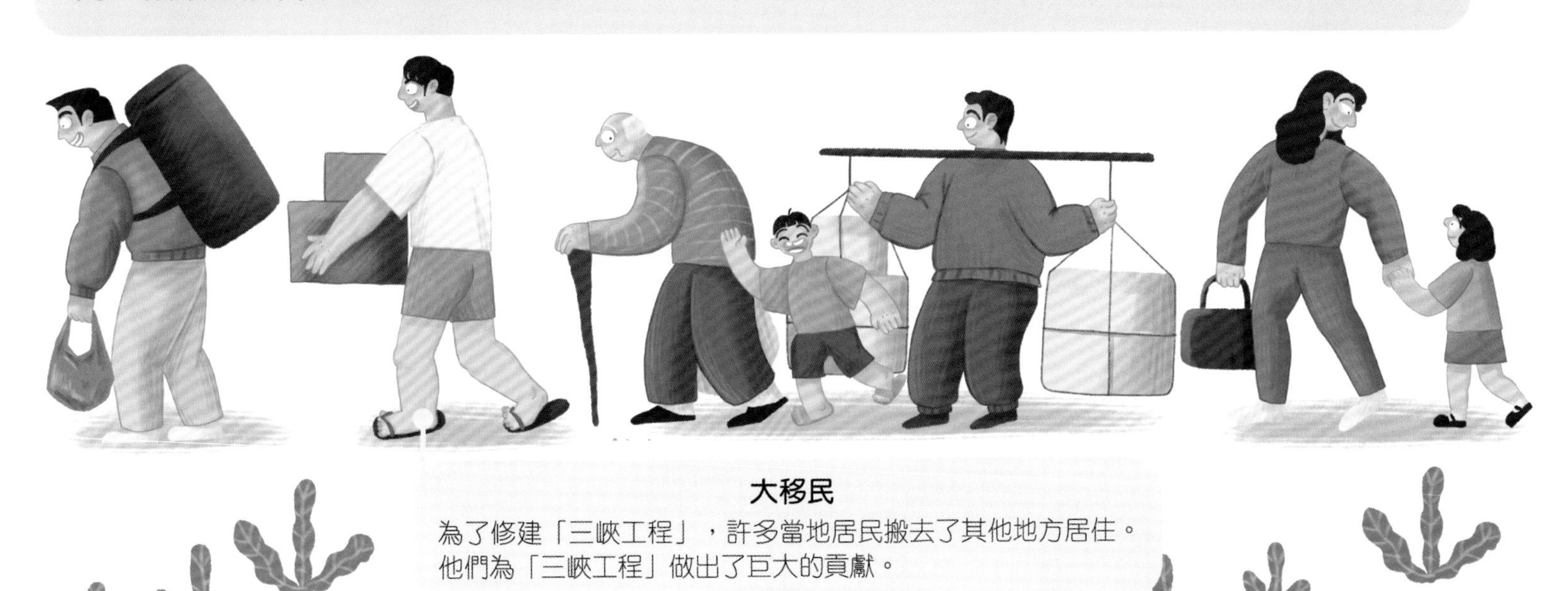

大移民

為了修建「三峽工程」，許多當地居民搬去了其他地方居住。他們為「三峽工程」做出了巨大的貢獻。

船閘升降機

三峽大壩有 100 多米高，船舶是如何渡過大壩的呢？原來三峽大壩分成了 5 級船閘，就像 5 個樓梯。船閘控制閘內水位的升降，幫助船舶隨水位變化渡過大壩。

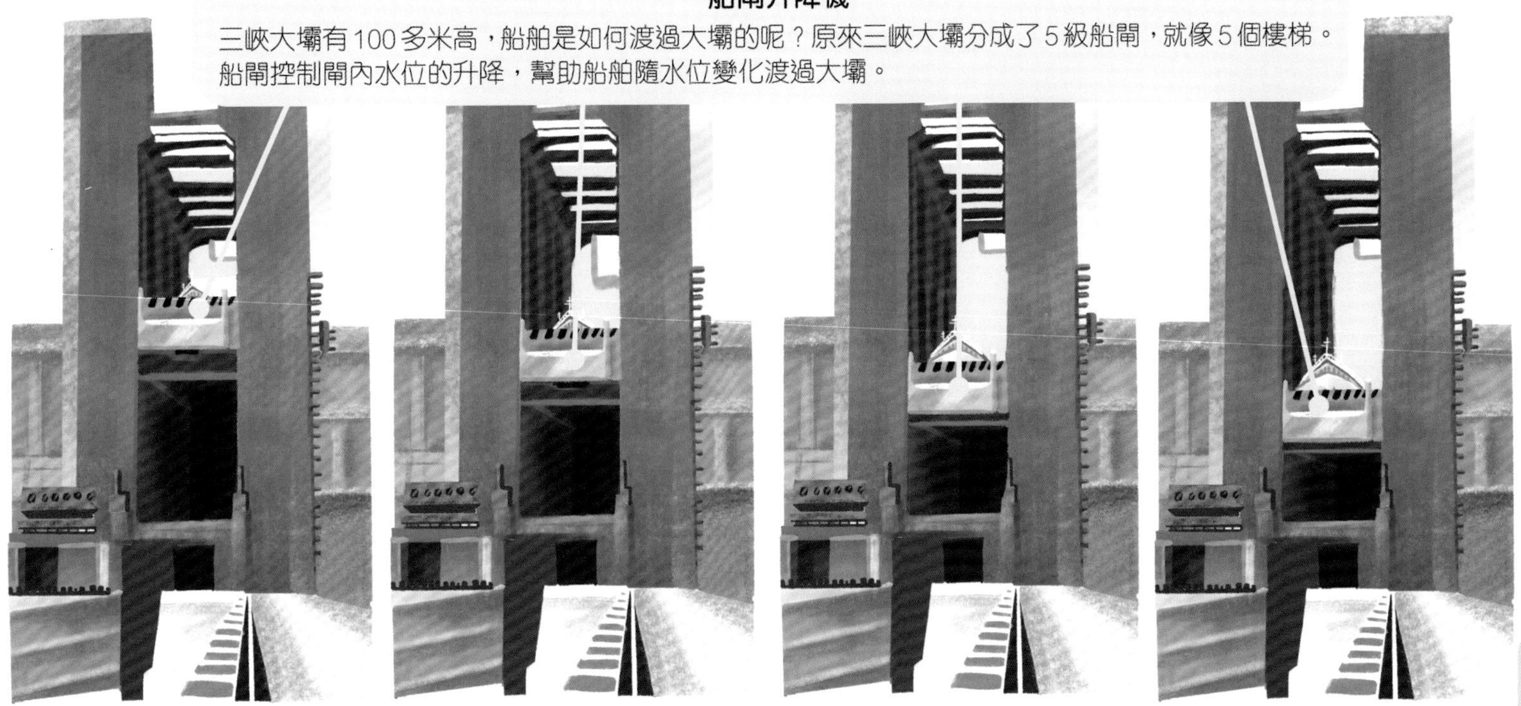

了不起的現代城市用水

每天，我們一睜開眼睛，就要和水打交道——洗漱離不開水，三餐離不開水，洗衣服離不開水。再把眼光放遠一些，農民種田離不開水，工廠生產離不開水，醫療、交通、旅遊等各行各業都離不開水。如果有哪個地方不小心發生火災，開着消防車去滅火的消防員更是離不開水。

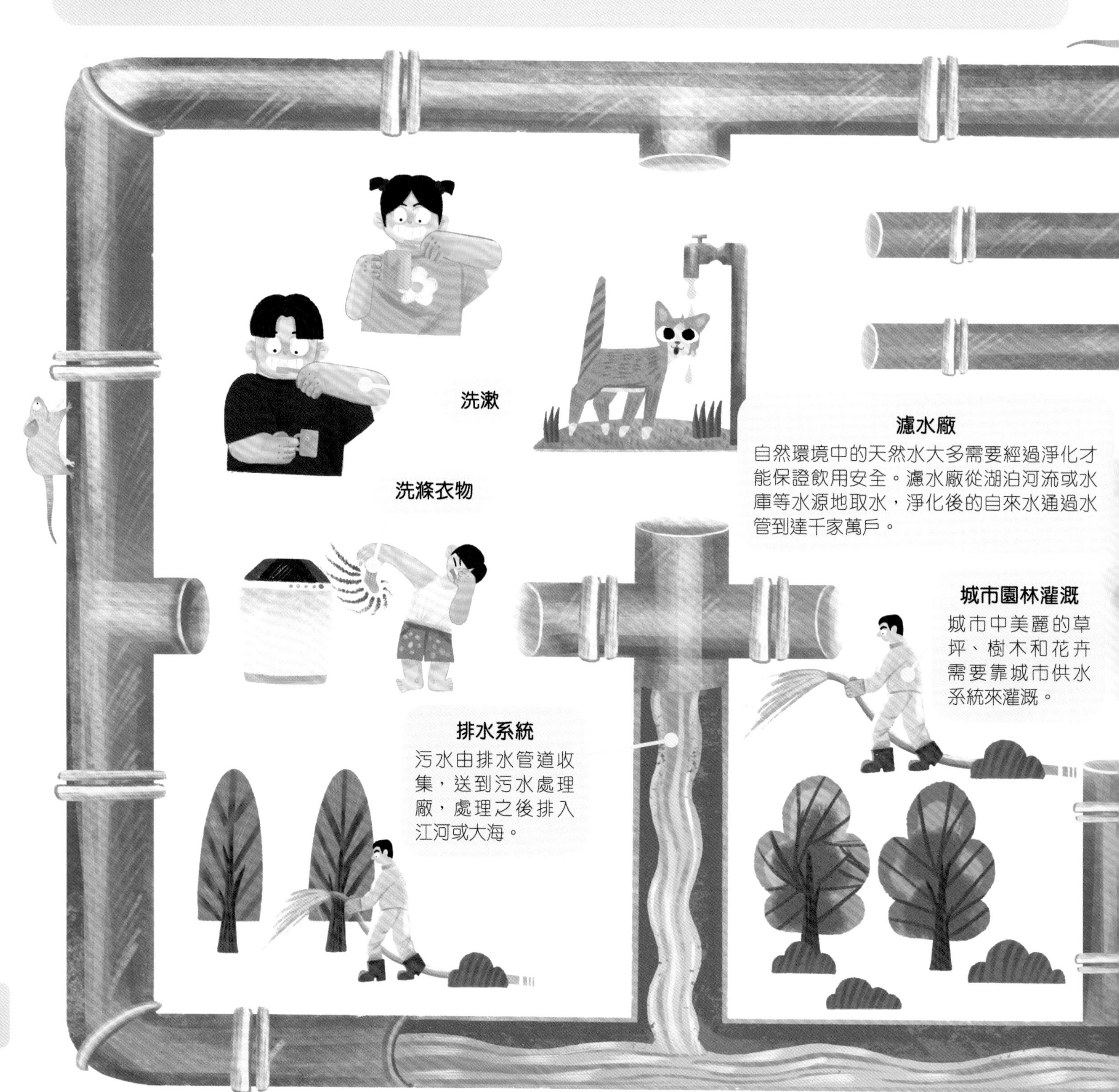

取水、用水，看起來非常輕鬆，但方便的背後離不開城市供水和排水系統的保障。城市供水系統通常由水源、輸水管、配水庫和配水管組成。水源地的水經輸水管送入濾水廠進行淨化處理，淨化後的食水再通過配水管送至千家萬戶——水龍頭裏流出的每一滴水，都要經歷一段長長的旅程啊。

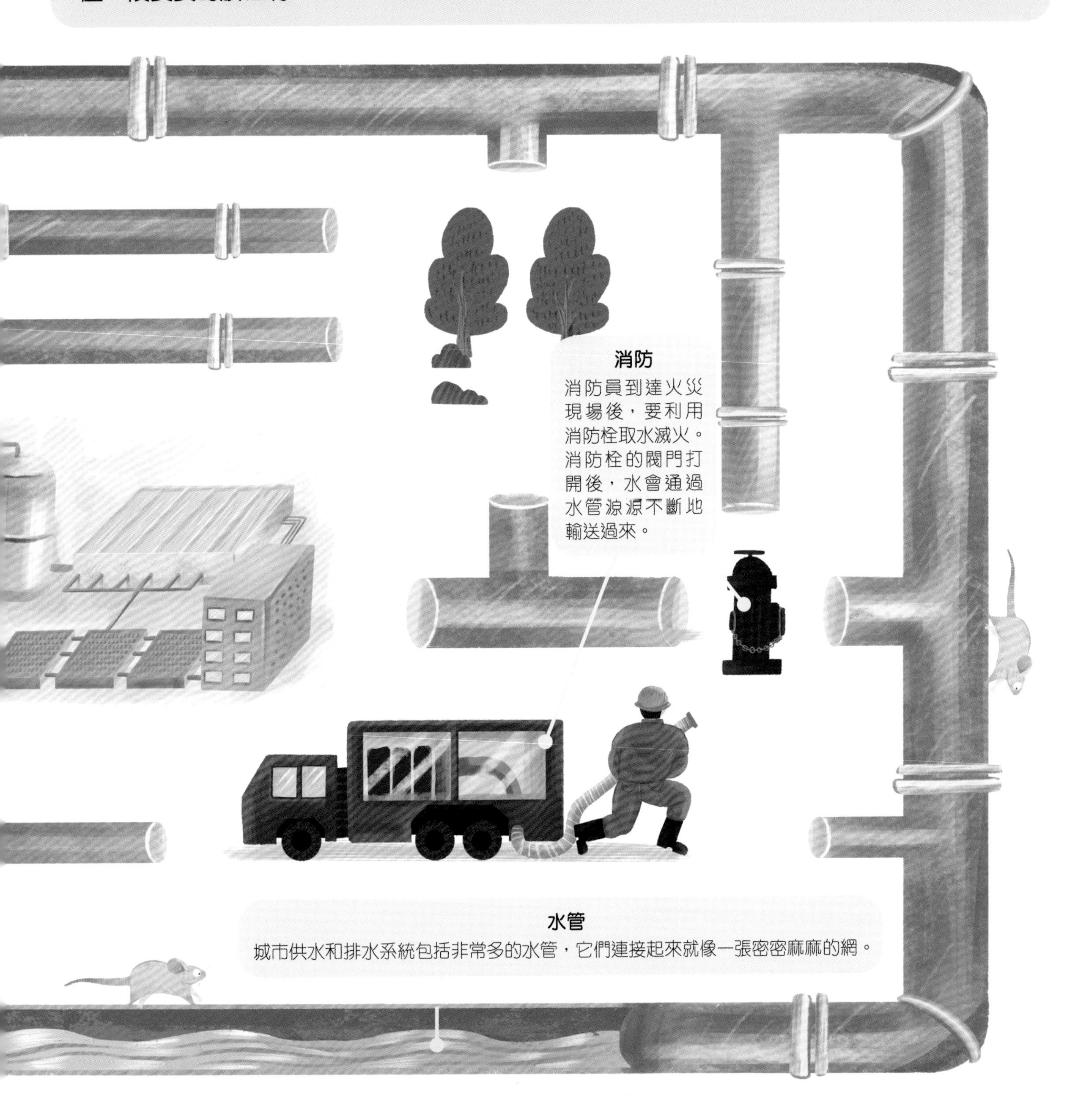

了不起的污水處理

我們每天都在使用水，有時會有一種錯覺，以為水取之不盡，用之不竭。其實，我們國家是一個嚴重缺水的國家。淡水資源有限，分布也不均勻，一些江河湖泊還受到了不同程度的污染。因此，我們建造了很多污水處理廠，利用先進的技術淨化污水，減少污染。

你知道嗎？中國很多城市的地下水都受到了一定程度的污染。各種工業廢料、污水和農藥等，嚴重影響了水質。水污染不僅讓我們的水資源更加短缺，還影響着我們的飲水安全。我們國家正在努力用各種辦法治理水污染。保護淡水資源，是我們每個人的責任。

水污染的主要來源

農業污染

農藥、化肥的使用和動物養殖業的排洩物等會污染水源。

垃圾填埋

直接把垃圾埋入地下，會對地下水造成污染。

家庭污染

生活污水和隨意丟棄的家用電器等也會對水源造成污染。

工業廢水

工廠未經處理、直接排放的廢氣，廢水和廢料會污染水源。

排水

污水經過處理後才可以就近排入江河大海。

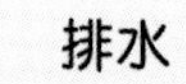

了不起的現代深水科技

「黃河之水天上來，奔流到海不復回。」唐代詩人李白的這句詩讓我們看到黃河的奔騰之勢，更讓我們聯想到歷史長河的滾滾向前。自從我們的祖先在水邊安家，幾千年來，中國人和水的關係，經歷了從依賴到利用、從開發到保護等一系列歷程，但始終不變的，是中國人生生不息的智慧、勤勞和勇敢。

海底觀光潛水艇

可在海底自由航行的潛水艇，人們可以坐在裏面觀賞海底世界。

讓我們暢想一下未來吧——假如海平面持續上升，我們可能需要適應一個地表被更多水覆蓋的地球。我們的後代可能會在其他星球上建造家園，成為太空移民；也有可能深入水下，學習在水下生存。有科學家認為，人類已經具備在水下建造定居點的技術能力。水下城市，有可能在未來變成現實。

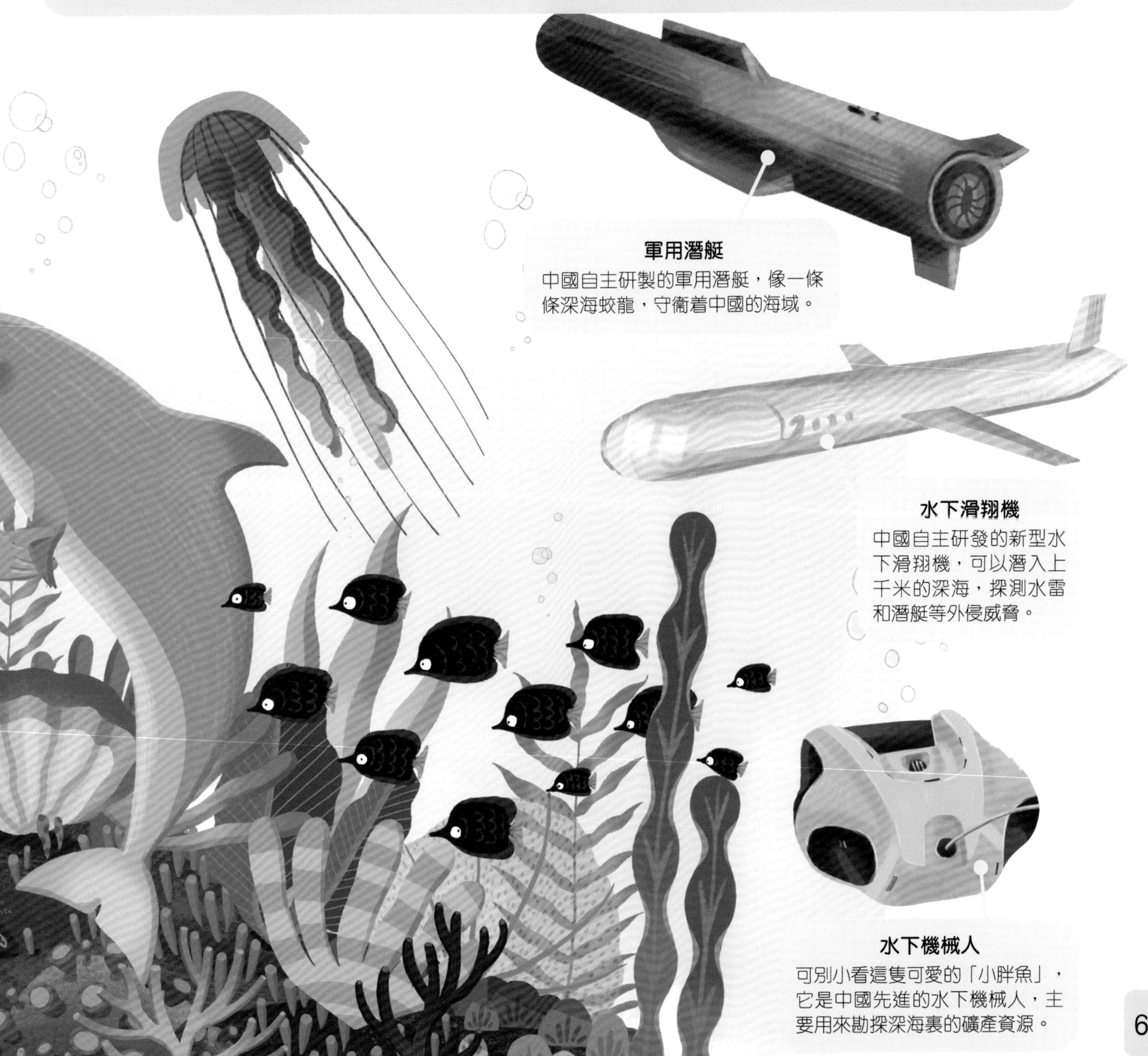

軍用潛艇

中國自主研製的軍用潛艇，像一條條深海蛟龍，守衛着中國的海域。

水下滑翔機

中國自主研發的新型水下滑翔機，可以潛入上千米的深海，探測水雷和潛艇等外侵威脅。

水下機械人

可別小看這隻可愛的「小胖魚」，它是中國先進的水下機械人，主要用來勘探深海裏的礦產資源。

水的小課堂

水在大自然中的循環之旅

早在人類出現以前，地球上的水就一直處在不斷循環的旅途中。水之所以能在江海、陸地、天空之間不斷循環，是因為水有液態、固態、氣態3種形態，並且可以互相轉換。

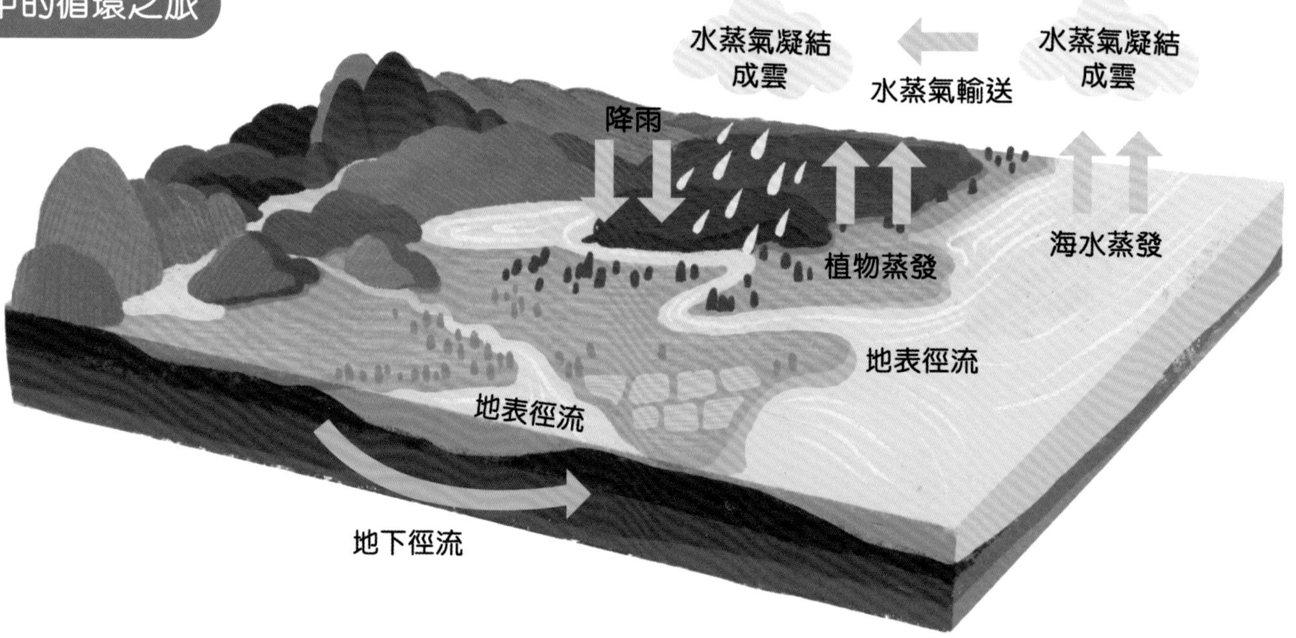

人工降水

乾旱時節，天上很長時間都不下雨，這可怎麼辦呢？古時候的人們對此束手無策，只能苦苦祈求龍王爺降雨。隨着科技發展，今天的我們掌握了人工降水的技術：利用飛機、火箭向雲中播撒催化劑，便可以使雲層降水或增加降水量。

沖積地形

水看起來流動無形，卻擁有強大的力量，甚至可以重塑大地的模樣。在河流接近入海口的地方，有一種特別的「沖積扇」地形，就是在流水的搬運和沉積作用下形成的。河流夾雜着大量泥沙從上游奔流而下，在下游平原地區會放緩速度，泥沙沉積下來，久而久之，便形成了「沖積平原」。

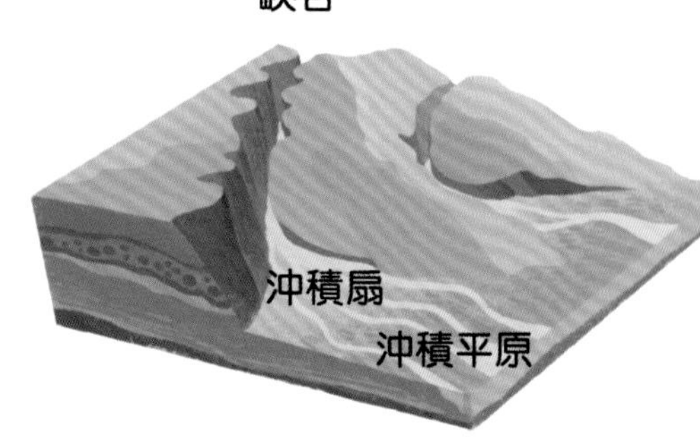

水的「三態循環」

液態：水、露
固態：冰、雪、霜
氣態：雲、霧

氣態
固態　液態

冰、雪、霜遇熱融化成水。
水遇熱會蒸發成雲、霧。
雲、霧遇冷會變成冰、雪、霜、水、露。

水的小趣聞

地球的 71% 是水，你的 70% 也是水

你知道嗎？我們共同生活的這個地球，雖然表面 71% 的面積都是被水覆蓋的，但能夠被人類所利用的淡水資源，還不到地球總水量的 5%，淡水資源非常珍貴！

我們人類身體的 70% 左右，也是由水構成的。成年人身體的含水量約在 60% 到 70% 之間，嬰兒身體的含水量更高，約在 80% 左右。

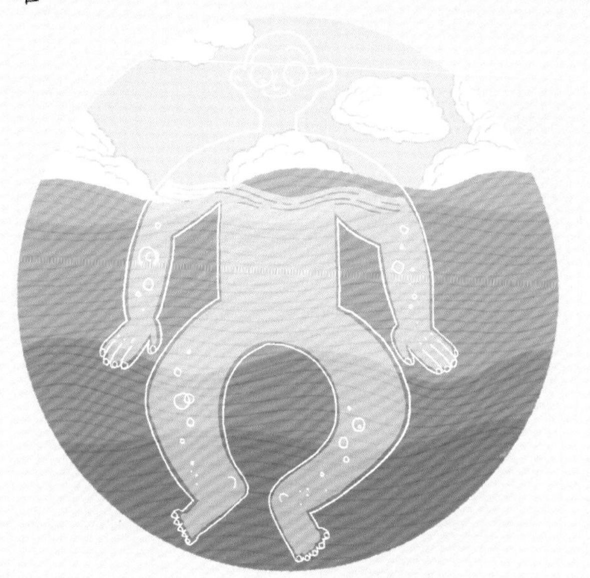

「聰明又努力」樹根

為了生存，植物的根系在地下不停地生長試探、尋找水源。據説，世界上扎得最深的樹根，居然深入到了地下 120 米。

動物界的「喝水大胃王」駱駝

或許你不相信，但這是一個驚人的事實：一頭駱駝，能在 10 分鐘內喝完 1 個半浴缸的水。

植物界的「喝水大胃王」橡樹

可別小瞧橡樹，一棵成年橡樹每天需要 230 升水，大約相當於把 3 個浴缸裝滿的水量。

可以讓人漂浮的死海

在亞洲西部有一個神奇的咸水湖，人們都叫它「死海」。由於這裏水中的含鹽量很高，即使不會游泳的人，在水裏也可以浮在水面上，不用擔心會沉下去，是不是很神奇？

了不起的中國人

水——從依水而居到水利工程

作　　者：狐狸家
責任編輯：張斐然
美術設計：張思婷
出　　版：新雅文化事業有限公司
香港英皇道 499 號北角工業大廈 18 樓
電話：(852) 2138 7998
傳真：(852) 2597 4003
網址：http://www.sunya.com.hk
電郵：marketing@sunya.com.hk
發　　行：香港聯合書刊物流有限公司
香港荃灣德士古道 220-248 號荃灣工業中心 16 樓
電話：(852) 2150 2100
傳真：(852) 2407 3062
電郵：info@suplogistics.com.hk
印　　刷：中華商務彩色印刷有限公司
香港新界大埔汀麗路 36 號
版　　次：二〇二二年一月初版

ISBN:978-962-08-7911-1

18/F, North Point Industrial Building, 499 King's Road, Hong Kong
Published in Hong Kong, China
Printed in China